我是一个原子

[意]卢卡·肖尔蒂诺 著
(Luca Sciortino)
[意]诺埃米·里什-瓦尼耶 绘
(Noemi Risch-Vannier)
王柳 译

GUANGXI NORMAL UNIVERSITY PRESS
广西师范大学出版社
·桂林·

Wo Shi Yige Yuanzi

出版统筹：汤文辉　　责任编辑：李茂军　时艳艳
品牌总监：李茂军　　美术编辑：刘冬敏　刘淑媛
选题策划：李茂军　戚　浩　　营销编辑：李倩雯　赵　迪
版权联络：郭晓晨　张立飞　　责任技编：郭　鹏

Quest'opera è stata tradotta con il contributo del Centro per il libro e la lettura del Ministero della Cultura italiano.
感谢意大利文化部图书与阅读中心对本书出版提供翻译资助。

著作权合同登记号桂图登字：20-2022-203 号

图书在版编目（CIP）数据

我是一个原子 /（意）卢卡·肖尔蒂诺著；（意）诺埃米·里什-瓦尼耶绘；王柳译. --桂林：广西师范大学出版社，2022.11
ISBN 978-7-5598-5421-6

Ⅰ. ①我… Ⅱ. ①卢… ②诺… ③王… Ⅲ. ①宇宙－少儿读物 Ⅳ. ①P159-49

中国版本图书馆 CIP 数据核字（2022）第 173913 号

广西师范大学出版社出版发行
（广西桂林市五里店路 9 号　邮政编码：541004
网址：http://www.bbtpress.com）
出版人：黄轩庄
全国新华书店经销
北京尚唐印刷包装有限公司印刷
（北京市顺义区马坡镇聚源中路 10 号院 1 号楼 1 层　邮政编码：101399）
开本：880 mm × 1 240 mm　1/32
印张：4.375　　字数：45 千字
2022 年 11 月第 1 版　　2022 年 11 月第 1 次印刷
定价：39.80 元

这是个凭空想象出来的故事，却又是那样真实。

——普利莫·莱维

序

玛格丽塔·哈克[1]

一个名叫皮奥·辛普利乔的氢原子讲述了自己的经历以及这个宇宙的故事。它出生在一个酷热的环境中，身边挤满了同类。那时，它还不是原子，而只是一个质子。又过了至少四十万年，在抓住一个电子之后，它才“补全”了自己，成为一个原子。

从来没有人见过质子“去世”，它的寿命也许比整个宇宙的寿命还要长得多，所以，一个原子完全能够向我们讲述它从宇宙诞生到现在的种种经历。那真的是一段充满未知与挑战的生活：它与后来遇到的电子一起处于一个就像一块用面粉、黄油和酵母和好的蛋糕胚一样不断发酵、膨胀的空间里。在那里，它遇到了一些与它类似的原子、一些高傲的惰性气体，甚至还有反质子和反原子这样的“敌人”。

几亿年过后，皮奥·辛普利乔发现自己与数不清的其他原子一起组成了一颗恒星，恒星的中心酷热无比，一如它出生时的周

---

① 玛格丽塔·哈克（1922—2013），意大利天体物理学家、科普作家。——译者注

围环境。后来，那颗恒星爆炸了，皮奥被抛向冰冷而空荡荡的宇宙中；又过了五六十亿年，它遇到了年轻的地球。后来，它与另外一个氢原子、一个大的氧原子组合在一起，变成了水，降落到我们的星球上，辗转进入各种动物和植物的身体里。它曾被一只恐龙喝进肚子里，但又通过蒸发回到空气中。

就这样，我们的氢原子皮奥向小朋友们讲述了它的种种奇妙经历，听上去像一个童话故事，然而这却是宇宙的真实演变历程：从人们口中的“宇宙大爆炸”（宇宙真的起源于此，还是它只是目前人类的认知边界？对此，我们不得而知）一直到恒星、行星乃至生物的出现。

这本小书会激发小读者们的好奇心，帮助他们初步了解原子及电子等概念；同时也会激发他们的兴趣，使其在成长的过程中愿意了解更多相关知识。它可以成为小读者们的科学启蒙读本，并且使他们明白，认识这个世界是一件非常有趣的事。

致读者

这本自传献给所有那些在我一百三十七亿七千万年的生命中与我建立过化学键的原子们。与它们在一起，我度过了有生以来最美好的时光——在星际气体、空气、雨水、海洋、植物和动物身体里，我都曾留下身影。

此外，我还想提一下“抑郁者”埃利奥·布贝罗和“哲学家”柯西莫·亚里斯多德，它们永远独来独往，注定孤独一生。

我也想向那些潜心研究原子的人们表达敬意。在这里要特别提到三个人(希望其他人不要生气)：德谟克利特①，他是最早设想我们存在的人之一；卢克莱修②，他为我们写了一首又一首诗；尼尔斯·玻尔③，他猜中了我们的构造。

最后，向所有的孩子致以我最亲切的祝福，希望这本书能

---

① 德谟克利特(约公元前460—公元前370)，古希腊哲学家，原子唯物论学说的创始人之一。——译者注

② 卢克莱修(约公元前99—约公元前55)，罗马共和国末期诗人、哲学家，著有哲学长诗《物性论》。——译者注

③ 尼尔斯·玻尔(1885—1962)，丹麦物理学家，提出了玻尔模型来解释氢原子光谱。——译者注

激励他们像我一样有机会去探索大自然那些新奇且激动人心的秘密。

一百三十七亿七千万岁的皮奥 · 辛普利乔
银河街 30000 号
猎户臂
地球（本地分支）III P1AN
宇宙大爆炸

目录

我很老，却也很快乐

宇宙中充满了肉眼看不见的东西，
它们有许多故事可以讲。

——迪诺·莫莱克勒（氢原子）

亲爱的读者朋友们，这个故事，你们读着读着就会发现，我对自己的年龄没有什么隐瞒。我承认，我真的很老。我已经整整一百三十七亿七千万岁了。不过你们要是觉得我会因此而不开心，那你们可就错了。我现在感觉棒极了，或者应该说，看到自己还与刚出生时一模一样，我很开心。当然不仅仅是因为这个，我之所以觉得开心，也是因为我终于能腾出点时间来写作了，这是我一直想做的事情。是的，我得承认，写作一直是我的梦想，但如同你们将读到的那样，我之前实在太忙了，所以一直拖到现在。

我所知道的最不可思议的事情就是我的生命，那么就从它讲起吧。亲爱的读者朋友们，我要写的是一部自传。是的，我知道，一百三十七亿多年实在是太长了。“你不可能把每件事都讲出来。”我的朋友们这样对我说。除了我的好朋友迪诺·莫莱克勒，大家都打赌说我根本写不完，因为要想把所有的事情都讲清楚，那得写成一部大百科全书。不过，我才不在乎这些冷嘲热讽。我觉得它们就是嫉妒，毕竟它们谁都没写过自传。何况它们的想法也是错误的：

还有谁会比我们原子更清楚大自然的美好呢？嗨！现在你们明白了吗？我是一个原子！你们不会把我当成人类了吧？！我可和人类不一样：他们写作是觉得自己什么都知道，或是想让自己的照片出现在报纸上，当然，还有的人只是想把自己的想法告诉所有人……好吧，说正经的，我活了一百三十七亿多年，而他们最老的也就一百岁上下，关于生命、自然以及其他种种事情，你们能指望他们讲出多少呢？比如，地球出现之前的事，他们知道多少呢？可我知道很多。一棵树里有什么，他们知道吗？我不仅知道，甚至进去过。恐龙体内是什么样子的，他们知道吗？他们只见过化石吧！

好了，吐槽完了，我要正式开始了。德谟克利特大神，请助我一臂之力，完成这项星际伟业吧！对了，首先说明一下：你们不要像科学家那样叫我“氢”，这个名字太短了，我都听不清。我叫皮奥·辛普利乔。直白点说，我是一个氢原子，这个世界上最简单的原子。你们可以把我想象成一个很小很小的小球，这个小球里面还有个小球，叫作“质子”；还有另一个更小的小球围着质子转圈圈，它叫作“电子”，其质量大约是质子的一千八百三十六分之一。

宇宙中至少还有一百多种与我不同的原子，其中有氧原子、碳原子和氦原子。你们身边的每样东西都是由原子组成的，它们当中有许多和我是完全一样的，但它们都没写过书，我是一百三十七亿多年来第一个做这件事的原子。所以，读一读我的故事吧，你们会喜欢的。

史上最疯狂的“羹汤”

我出生在一个谜之后。

——皮奥·辛普利乔（氢原子）

我出生时，所有的一切与现在非常非常不同。我说的“一切”不单指地球，而是整个宇宙。拜托，你们不要问我原子出生前有什么。老实说，我不知道。那是个谜。我只能向你们描述我出生时周围的样子。嗯……肯定没有地球、太阳、月球和其他行星。哎呀，好烦，该怎么给你们讲呢……忘掉宇宙、太空，把所有你们知道的事情通通忘掉……这么说吧，我也不知道自己是从哪儿来、怎么来的。一开始，我只是一个质子，处在一个滚烫的、类似羹汤一样的环境中，周围还有许许多多其他像我一样的小球。乱哄哄一片，挤得要命！一般情况下，我们质子是不愿意相互靠近的，不过，如果我们迫不得已要靠近时，那就索性紧紧地挤在一起。还有另外一些大小和我差不多的小球——中子。我从来没有被它们吸引过，而且它们看上去也是一副爱搭不理的样子。当时还有一阵阵电磁波。应该这么说，我们都在“随波逐流”。是的，那种感觉有点像在海里，只是周围并没有水。没错，电磁波经过时——叮咚——我就跟着它动起来，就像海上的木头，有船经过时，随着波浪上下起伏。电磁波过去之后，一切又重归平静。除此之外，还有一件不可思议的事，就是那些我称之为“反质子”的家伙——我从来没弄明白过它们是谁，因为我出生后不久就没再见过它们了。一次，它们中的一个向我发来一股电磁波，那是一条加密信息，翻译出来是这样的：

甜心你好，我叫“反”皮奥。10纳秒之前我见过你，我非常想认识你。

“反”皮奥·“反”辛普利乔

哎，幸亏我跑得快，我觉得反质子们都有点不正常。好了，还是换个话题吧。我刚刚讲到，我出生在一个非常拥挤的小空间里。不过这个空间在渐渐变大，这一点还不错，至少大家都感觉宽敞了一些，也不会再被奇奇怪怪的家伙骚扰。

当时，我们都像疯子一样横冲直撞。不得不说当时那个环境真的很热，就像科学家们说的那样。你们要明白，这里说的“热”，意思就是我们在疯狂地移动着。如今人们对“热”的解释依然如此：热量是运动产生的。你看，我讲得是不是非常透彻？

在整整一百万年里，我都是作为一个质子独立存在的。一开始，我并未觉得需要电子，何况我也没有力气把它们吸引到身边。它们出生的时候我也很小，我出生也还不到1秒钟。它们看上去像一个个飞速运动着的小球，快到我根本看不清它们在哪儿。说实话，这让我有点恼火，但我也没太往心里去，因为当时也并不是非常在意它们。可是渐渐地，我的想法变了。那时，周围稍稍凉快了一些，也不是那么乱哄哄的了……当然，只是相较而言，毕竟当时的温度还有三千摄氏度，我也就是在那时开始感觉到自己需要一个电子。

我不太清楚我是怎么想的，也不知道为什么在某个时刻感觉到自己不完整。我当时还不觉得自己是一个原子，总感觉缺点什么……

想到那一百万年没有电子的生活，我就觉得自己仿佛从没有活过，因为我并不完整。如果自己不认为自己完整的话，那就相当于从未存在过。总之，当我成为一个原子后，我才算是真正地存在于这个世界上了。啊，那是一个巧合，纯属巧合，我还记得那种感觉，那是我生命当中最美好的时刻之一！那一天，我遇到了我的电子。其实，三年前我就见过它，当时它正在奋力摆脱两个中子的纠缠。那一天，随着一股电磁波，它画着“之”字来到我身边。而我呢，“咔嗒”一下就把它捉住了，就像青蛙捉蚊子那样。好吧，我是想说，我用自己的力量把它吸了过来。那是什么力量呢？我也说不太好，就是质子与电子之间一直存在的那股力量。我再也无法压抑想要一个电子的愿望……总之，我把它吸了过来，从此，它就像蜜蜂围着蜂箱一样“嗡嗡”地围着我转了。在我抓住它的那一刻，我感到非常舒服，就释放出一股能量，那是一股饱满的能量波，不同于你们舒舒服服地坐下时用话语“啊，坐下来好舒服！”来表达舒服的感觉，我则是通过释放能量波来表达。

从我抓住电子的那一刻开始，我成了一个氢原子。“我在这个

宇宙里要做些什么呢?”我这样问自己。必须问！一开始，我和我的电子在一起玩耍。我冲它喊:“转起来，快点，转起来……”接着又说:“对，就这样，很好!”仅此而已。没错，我的电子会不厌其烦地绕着我转啊转，可是，氢原子在这个世界上到底要做什么呢?

我得去问问，也许可以去向一个比我年长的原子请教。

遇见埃利奥·布贝罗

原子之间的友谊叫“化学键”。

——“抑郁者”埃利奥·布贝罗（氦原子）

我正想着这些事，突然发觉前面有一个原子，它的构造很奇怪：两个质子和两个中子紧挨在一起，而且身边居然围着两个电子。

“原子先生！”我喊道。

没有回答。

“有两个质子的那位先生！”我提高嗓门，又喊了一声。

我听见它嘟囔了一声：“啧！”

“先生，抱歉……”

“烦死了，你要干吗？不知道我不想搭理其他原子吗？”

“这个，我不知道……我只是想和您聊聊天。”

“聊天？太可怕了！独处思考更好。孤独是多么美好！聊天有什么意义？”

“这是个疯子吧。”我心想，“这是什么世道，没有友善一点的原子吗？”

“我们可以通过聊天学到新东西，交换思想。”我回答他。

“亲爱的敌人，听我说，我还没见过哪个原子聊完天后改变思想的……还有，你没看到原子们都很讨厌彼此吗？你撞我我撞你的。”

“亲爱的敌人？可是我……我什么都没做啊。”此时来了一股电磁波，我跟着摆动起来。

“我们氦原子就是这么称呼其他原子的……你不会才出生吧？”

“嗯，说实话，是的……”

“难怪……听好了，亲爱的敌人，我是‘抑郁者’埃利奥·布贝罗，没错，一个氦原子，正因为这一点，我不想与其他原子说话。何况我听你说得已经够多了。”

也许这种原子生来就只想独来独往。我决定告辞。临了，我还是做了最后一番努力："我能就问您一个问题吗?"

“痛快点，亲爱的敌人，我有我的事，那就是不与讨厌的家伙争论。”

“我只是想问问我们为什么会在这里，要做什么呢?”

“你会培养点爱好吧?”

“可如果什么都不做，谈何爱好?”

“这是什么话。拿我来说，我很喜欢说其他原子的坏话，骂它们时我很开心。而且我确实可以这样做——我只想自己待着，不想和其他原子形成化学键，我根本不喜欢那样。”

“化学键是什么?”

“它是可以让你和一个与你一样的氢原子结合在一起的力。”

话音未落，它又和其他原子撞了几下，远离了我。我只隐隐听到它的声音："再见……再也不见……"

“等一下！我还要问一件事！”我喊道。

但我已错失良机，没得到回应。真可惜！我本来还想问问它知不知道我出生之前的事情。

“当然，宇宙就是这么奇怪。”我心想，“为什么氦原子不愿意聊天呢？为什么氢原子们就必须要结合在一起？”我真的糊涂了。

一项合作提议

宇宙在膨胀，
像一块正在被烘烤的海绵蛋糕。

——“厨子”吉诺·梅斯特罗（铜原子）

我不知道该怎么办了，只能和其他原子撞来撞去，被一阵阵电磁波抛得晕头转向。我的电子想要从身边溜走时，我还要把它捉回来……真是烦死了。

唯一好一点的是，在我所处的这个像羹汤一样的环境里，各种运动都慢下来了。与此同时，宇宙在膨胀，像一块正在被烘烤的海绵蛋糕。不过，就算闲待着，也总是会发生些事。

我在尽力躲避那些讨厌的氦原子时，身旁来了一股加密电磁波，让我的电子震动了几百亿次。我虽然被震得不轻，但还是尽力解读了这条信息：

尊敬的皮奥·辛普利乔先生：

我很高兴地告诉您，考虑到我现在的移动方向与移动速度（在我撞上一个可恶的氦原子之后），考虑到您现在的移动方向与移动速度，考虑到宇宙中出生的氢原子与氦原子的数量，以及它们的位置和速度，我与您在3237秒之后相遇的概率为85%。

鉴于此，我提议，在与您会面时商谈组建MISPA（氢分子股份有限公司）事宜。

希望能作为合作伙伴与您交换强烈电磁波。

顺颂商祺。

迪诺·莫莱克勒

老实说，我根本没看懂这条消息是什么意思。说实在的，当时我完全不懂这个宇宙的规则，不知道这里的事情如何运转。谁知道我当时怎么想的，我只是天真地以为一切都会有所不同，完完全全不同，没准这个世界上存在友善的氦原子呢？没准这个世界上会有不喜欢独处的电子呢？现在，我比之前成熟了一些，变得随遇而安了，因为我知道，每件事都在按照非常精确的规则运行。从某种意义上说，我学会了预测将要发生的事。总之，电磁波里的信息勾起了我的好奇心。在足足思考了3237秒之后，我给出了答复：

尊敬的迪诺·莫莱克勒：

感谢您发来的友好信息。我需要时间来考虑您的提议。的确，在与您相遇之前我无法做出任何安排，因为现在我对MISPA项目的内容和目标还一无所知。不仅如此，我还在问自己能在宇宙里做些什么。

皮奥·辛普利乔

成为合伙人

没有化学键，一切皆无可能。

——古斯塔沃·八隅（氧原子）

又过了足足4000秒。没动静。我以为这次会面泡汤了。再说了，人家说的是有可能会面，并没有说一定。突然，我收到了一阵异常剧烈的电磁波。它的能量是如此强大，我的电子被震得离开了我。“哦，天啊！这样我就会失去它了！”我感到非常害怕。万幸的是，很快，电子停了下来，然后又一跳一跳地重新靠近我的内核，回到了平时的活动范围。随着电子一点点返回，我也释放出一阵阵电磁波。

刚才那阵强电磁波是谁有意发来的信号吗？或者只是一个路过的原子随便发出的？我不知道。突然，我感觉面前出现了一面镜子……

“该死！哪来的镜子？再这么下去，我非得换个地方不可！”

“哎，什么镜子？是我，迪诺·莫莱克勒！”对方突然喊了起来。我还以为那是我的镜像。

“可是……可是……您刚才在消息里说……”

“亲爱的朋友，别‘您’‘您’的了。”它小声对我说。我心想：

它和埃利奥·布贝罗可太不一样了！

“我知道，我本来应该早点到。可是我忘了告诉你，咱们在7237秒后相遇的概率是95%，高于之前说的3237秒后相遇的概率。当然，见到你之前我又和别的原子相撞了8307次，而不是8204次。”

“嗯。”我应和着，反正我不在乎这些数字。

“那么，亲爱的朋友，我们谈谈那件事吧。”

“好的。”我答道。

“嗯，咱们俩是两个氢原子……”

“对……”

“而且咱们俩各有一个电子……”

“还各有一个质子……”

“没错，我提议把所有这些都放在一起。”

“什么意思？”

“合二为一！自己待着有什么意思？我们在这个宇宙里都不知道要干吗。我们不能总是孤零零的，在一起的话至少还能聊聊天，和你的电子打打乒乓球什么的……”

“对啊……等一下，为什么是‘我的’？”

“哎呀，都是一回事，你的也好，我的也罢，没区别，所以干脆就称‘你的’吧。”

“好吧……可是，我们组建这个 MISPA 应该不只是为了打乒乓球吧？”

“这是一个礼节性的友好合约，主要是为了打发无聊的时间。”

“可是咱们得想办法连在一起，不然的话，随便一个原子撞过来，谁知道咱们还会不会再见……”

“可不嘛……来吧！”

“可是要怎么做？”

“我知道，咱们俩的电子围着咱们的质子转圈，就像是一个整体。这样，我们就成了 MISPA！”

我们俩真的一见如故，我们之间的交谈是那么的顺畅和自然。

当时那种感觉很难形容……就像是在吸什么……不对，我先是感到一种内部的混乱：我的电子做出了奇怪的举动，我无法再控制住它。接着，我听到了“咔嗒”一声，之后就感觉到非常非常舒服，我从来没有过这种感觉……你们知道发生了什么吗？我和迪诺释放出了一些能量，一阵电磁波。我告诉过你们，当我们原子从逆境转到顺境而感到愉悦时，就会释放出电磁波……啊，我现在还记得我和迪诺建立化学键的那一刻。“加油，快……一、二、三！哇，好棒啊……”我们俩异口同声地说道，一起释放出电磁波。

现在，我和迪诺已经合成了一个分子。我们开始在太空里遨游——啊，这种感觉多么美妙！我记得，迪诺情不自禁地唱起了那首老歌[①]：

---

① 这里提到的是意大利经典歌曲《飞翔》(*Volare*)。作者在这里调整了部分歌词，增添了诙谐的内容。——译者注

volaaare
oooooh.

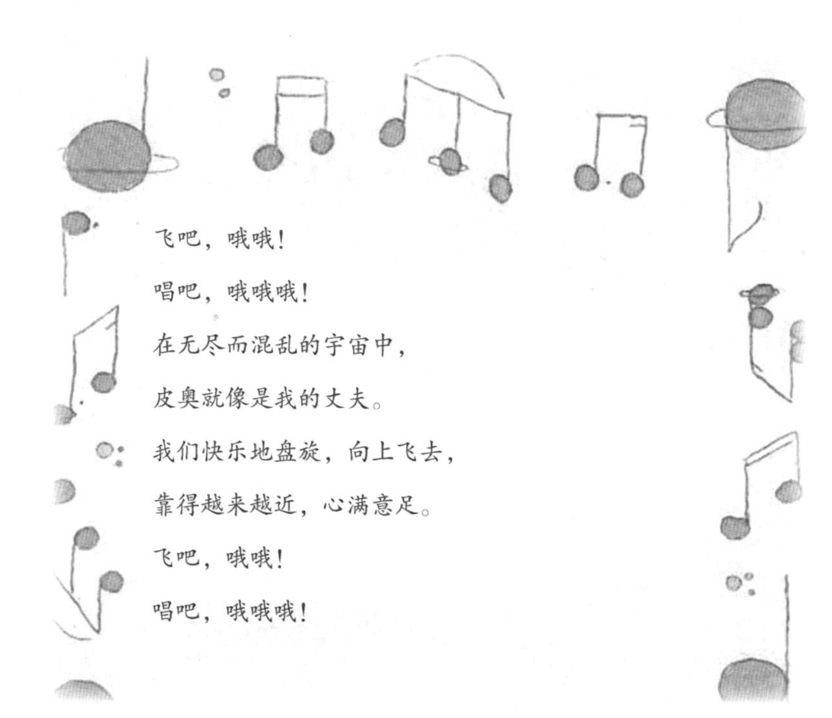

飞吧，哦哦！

唱吧，哦哦哦！

在无尽而混乱的宇宙中，

皮奥就像是我的丈夫。

我们快乐地盘旋，向上飞去，

靠得越来越近，心满意足。

飞吧，哦哦！

唱吧，哦哦哦！

同居

大江大河始于一条条小溪，
参天大树始于一颗颗种子，
而宇宙，则可能始于一个小点……

——“哲学家”柯西莫·亚里斯多（氩原子）

那个，你们知道所谓的“婚姻倦怠”吗？对，就是爸爸妈妈吵架的时候……哎，再过许多年，你们也会提起这个词的。你们知道我和迪诺·莫莱克勒吸在一起（你们称之为“化合”）多长时间吗？一亿年！婚姻倦怠又算什么呢！

应当说，我和迪诺还算合得来，只有过几次小摩擦。吵得最凶的一次是我俩在一起七百万年时，它说宇宙有起源，而我却觉得这件事还没有定论。它坚持它的理论——你们听听看有多奇葩——宇宙一开始只是一个温度高得可怕的小点。后来，“嘭！”这个小点发生了大爆炸，随之诞生了时间与空间。之后，宇宙一点点变大，像黏稠的羹汤一样，逐渐向四周蔓延。宇宙在一点点冷却，质子、电子相继出现，然后是氢原子和氦原子。

我对它说：“小点渐渐变大，我同意……可是，小点是从哪儿来的？”

“烦死了，这个问题有什么意义？听着，我亲爱的皮奥，我们要思考未来，过去的事就过去了……”

“有点耐心好不好！在这之前……在这场大爆炸之前，有什么呢?”

“我再说一遍，过去的事就甭再提了。”

“可我就是想问……”我说道。

“烦死啦烦死啦！我们还是谈谈未来吧！你要知道，我们原子有很多种方式组成分子，我们可以构成……”

“构成什么?”我问道。

“有时我会去想象……我脑子里有许许多多的东西……”

“许许多多?！每次谈到宇宙起源的问题时，你总是这么说！我们要去哪?会发生什么事?我们原子到底能构成什么?这里除了乱糟糟的一团，什么都没有！所有的一切到底是怎么回事，谁都没有和我解释清楚过。你知道真相是什么吗?真相就是，我们没有证据证明所有的一切都始于那一次大爆炸!”我怒不可遏，气呼呼地说完了这番话。

“无赖!”它也发火了。

接着就是一连串的批评、指责与埋怨。它先是说:“你从来不听我的，只会惹麻烦!”接着，它越说越起劲:“你这个投机分子，就是为了利益才和我在一起的，你和那帮氦原子一样，就应该自己待着。你只想着问这问那，逼着我从早到晚编出各种理由来应付你。”后来，它甚至放了狠话，说要取回它的电子，然后一走了之……

总之，亲爱的读者朋友们，那些让我们俩拌嘴的问题，说到底

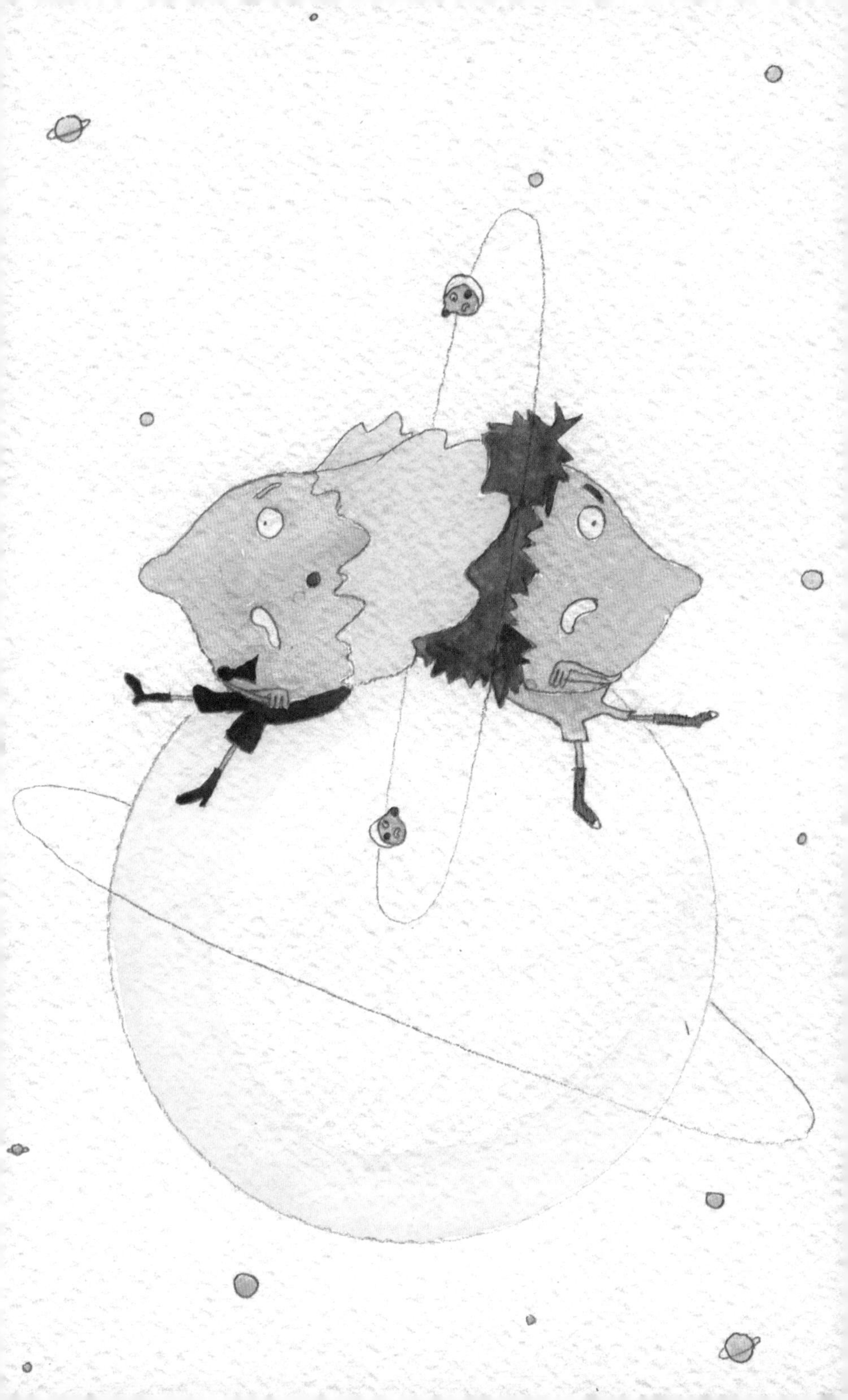

其实与伴侣之间的事没太大关系，所以我得说，除了上面提到的那些小插曲，我们俩在一起的一亿年还是非常美好的。

然而，遗憾的是，后来发生了一件可怕的事情。

我做不到

自己的遭遇，总是很难向他人诉说。

——匿名原子

亲爱的朋友们！不行，我做不到……这个故事我没法讲，我真的太难过了！我还是直接跳到下一章吧……

熙熙攘攘的世界

那是你第一次给我讲星星的故事，我永远不会忘。

——伽利莱·托勒梅乌斯（磷原子）

好了，假装我已经把自己的遭遇讲完了，我们就直接跳到许许多多其他的原子出生的时候吧！

当时，我正在太空中独自游走，怎么会是“独自”呢？不行，不能这么讲，我还是没法把那件事跳过去……本来我只想给你们讲美好的事情……好吧，说到底，当时是件坏事，可现在不是了。好吧，我来给你们讲星星的故事吧。

星星的故事

宇宙中，一群群原子聚在一起，
组成了银河，
就像汤里的奶酪碎，
聚在一起形成了一个个小疙瘩。

——“厨子”吉诺·梅斯特罗（铜原子）

好的，我努努力。总之，你们现在也已经明白了，电子和质子之所以会相互吸引，是因为它们之间存在一股力。正是这股力把它们吸在一起，构成了一个原子。我知道你们把它称为“电磁力”。可是，像氦原子那种原子核里的两个质子为什么会待在一起，这一点我还是没弄明白，毕竟我当时也才存在了一千万年。总之是有什么东西让它们紧紧地贴在了一起，并且再也不愿分开。

从那时起，我就开始问自己类似这样的问题。之所以会这样，一方面与我自己的性格有关，另一方面也是因为情况看上去在逐渐好转——我们的移动速度变得越来越慢；我们这些原子和分子彼此间都感到了一股新的力量，它想让我们一群群地聚在一起。就这样，形成了一个个星系，也就是一群又一群、数以千亿计的星星！的确，一开始，原子们和分子们一团团地聚在一起，分布在整个宇宙中，而后，就像一大块土豆泥被分成许多份那样，原子团们也开始分成一个个小集体，也就是一群群星星。我当时正好处在那个后来被称为“银河系”星系的中间，地球也在这里。那纯属巧合，在宇宙中，在由数量庞大的原子组成的一个个原子团当中，我恰好处于你们所在的这个星系。但你们不要觉得当时的情况和现在一样。那时，银河还只是一团乱哄哄的原子和分子，而且也分成了一个个更小的群组。因此，我的处境又变得糟糕了：我和迪诺·莫莱克勒被分到了一个正在不断收缩的原子团中。迪诺担心地说道：“看在电子的分儿上！搞什么鬼？我们之前好不容易住得宽敞了一些，现在又变得拥挤不堪，一团乱了。”

我尽量安慰它，原子团里的这股力量要比电磁波弱一些，但其实我自己也有些担心。氦原子们则根本没有帮忙，只是说：“大家都得玩完！这是重力！”

总之，时间一点点过去。我们围着一个中心缓慢地转动着，并且被一点点推往那个方向。跳转圈舞这种事，我和迪诺·莫莱克勒都已经习惯了。我甚至还听见一个声音在唱：“转圈圈，圈圈转，世界真是美轮美奂……”

我却没有心思唱歌，隐隐感觉要出事。的确，等待我们的，是一场残酷的命运。

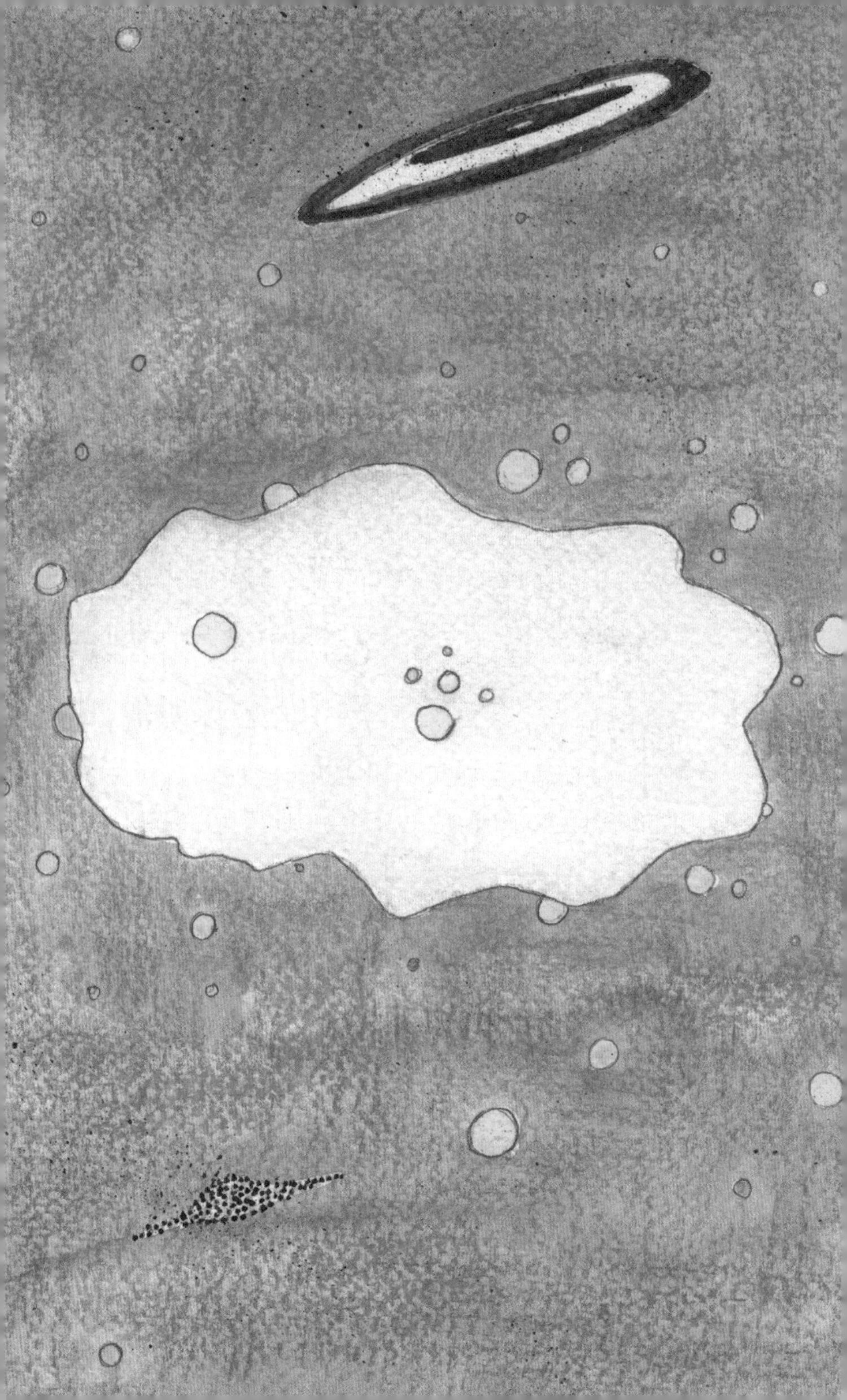

在一颗星里

永别了，亲爱的，
旋涡将我们拖进了深渊。
原子们的尸骸堆积如山。
来吧，让我们一起，
熔融在那颗星的中心吧。
在外等待的，是整个宇宙。

——氢分子里两个诀别的原子

抱歉，刚才中断了，因为刚才来了一阵电磁波，一个朋友正在从我的视野里逐渐消失……

总之，在那个大球里，或者应该说，在那个原子和分子围着中心绕圈圈的原子团里，也有我和迪诺，唉！幸运的是，我们当时还在外围，离中心还很远！而那些被吸进中心的电子发出来的声音听上去非常凄惨："啊啊啊！""永——别——了！"

迪诺对我说："中心那里非常非常热，该死！我们的那些同伴都被分解掉了！"渐渐地，和我们的同伴一样，我和迪诺也感觉到来自中心的吸力越来越强。该怎么办呢？我们当然想要逃脱，可是那股该死的重力却一直在把我们往中心拖去。而且，大家——我、迪诺、电子们——移动的速度也越来越快。

一切又变得混乱，一阵阵从未见过的电磁波袭来，就像我出生时那样。我刚才还说什么“宇宙的温度正在下降”“大家都很高兴”这样的话！难道我们真的无法逃脱了吗？

突然，可怜的迪诺对我说道：“亲爱的皮奥，我感觉我们要永远分开了……”它甚至都没来得及把话说完，它的电子就跳走了，很快，我的电子也跟了过去……最后……对不起，我有点激动……迪诺的质子也不知道上哪里去了……唉，我们不再是一个分子了。迪诺消失了，我也成了一个没用的质子。我又一次感觉到了孤独与荒凉，迫切地想要再找一个电子。

对不起，我有点激动了……我还没告诉你们，这个地狱一样的地方实际上是一颗星，那些最初构成宇宙的星星当中的一颗。

至于之后发生的事情，唉，我的记忆有一些混乱，但可以肯定的是，那颗星在继续收缩。渐渐地，我感觉到那股力把大家都往中间吸去，但是后来收缩中断了。许许多多曾经构成氢原子的质子也都走到了尽头，但具体是什么样的结局我不知道。后来，我失去了知觉，不记得发生了什么。

几千年之后，我才知道，当时那颗星的中心温度足足有五十亿摄氏度。那是我生命中最糟糕的时刻之一，但是我挺过来了。

你们知道我是什么时候恢复意识的吗？是在那颗星爆炸的时候。当时出现了一道强光，发生了一场剧烈的爆炸，之后我感觉得到了重生，因为我被以极快的速度抛向冰冷的星系。那种感觉很像我出生的时候。但当我环顾四周时，我却看见了一幅非常怪异的景象：和我一起飞行的，还有数不清的质子，它们有的聚在一起。质子们不是互相排斥的吗，为什么它们会紧紧地挨在一起？答案很简单。你们还记得吗？我说过，当两个质子靠得非常近时，就会吸在一起。没错，质子们在那颗星里获得了极高的速度，彼此几乎要碰到对方，于是就开始互相吸引。那颗星爆炸后，被抛出来的不仅有一个个的质子，还有一群群聚在一起的质子。所以如果幸运的话——亲爱的朋友们——当时还有许多自由的电子，我要是能抓住一个……

当我们高速飞行的时候，一个电子从几个质子旁边飞过，发来下面这条信息：

尊敬的质子先生们：

我们现在稍稍平复一些了！

时机成熟时，你们会获得自己的电子，但是要记住下面这条宇宙运转的规则：在一个原子内，质子和电子的数量应当保持一致！

看来，我只能拥有一个电子了。可话说回来，我也没想要更多。在后来的几年里，我无所事事，只想着能拥有一个电子。这件事成了我的心结。终于，周围开始变得凉快了，我知道时机已经成熟了。我看见旁边有一个电子，就向它发去了下面这条非常简洁的消息：

亲爱的电子：

我们俩就是为了对方而存在的。我能感觉得到。过来吧。

皮奥·辛普利乔 +

我之所以在名字后边放一个加号，是想让那个电子知道，我并不是一个真正的原子，还缺少一个电子。

啊！生活多美妙！生活多美好！生活多快乐！朋友们，那个电子开始围着我转了，我们发射出一阵高速电磁波，和你们的火箭一样快。不对，我说什么呢，是和光的速度一样快。

我又重新成了一个真真正正的氢原子。

一颗待建的星球

星星产生出我从未见过的原子。

——皮奥·辛普利乔（氢原子）

好吧，我早就料到了……并不是只有我想要有一个电子：我的周围开始出现大大小小的原子，全都是按照质子与电子数量一致的规则构成的。过程是什么样的呢？嘭！这里抓住一个电子。嘭！那里又抓住一个。就这样，电子就像卫星一样围着质子转啊转。读者朋友们，我看见了成千上万个原子形成的过程，那真的是难以忘怀的场面。而且我永远认为，大原子是星星的孩子。那些质子体内的能量很足，它们能够以大于二的数量结合在一起，从而形成拥有更多电子的原子。这其中只有一件事让我受不了：再一次看着氦原子们形成。它们真是太讨厌了！

一天，天气不错，却发生了一件怪事。我发现身边有一团尘埃在转来转去。那是一颗颗小颗粒，是由数十亿个从之前的星星地狱来到这里的原子构成的。显然，它们已经建立起了友谊。

这团尘埃为什么会在这里呢？我问了一个铁原子——它周围足足有二十六个电子——它回答道："必须有灰尘啊！宇宙已经几百万年没打扫了！"好吧，我承认我是容易上当，但这个答案可糊弄不了

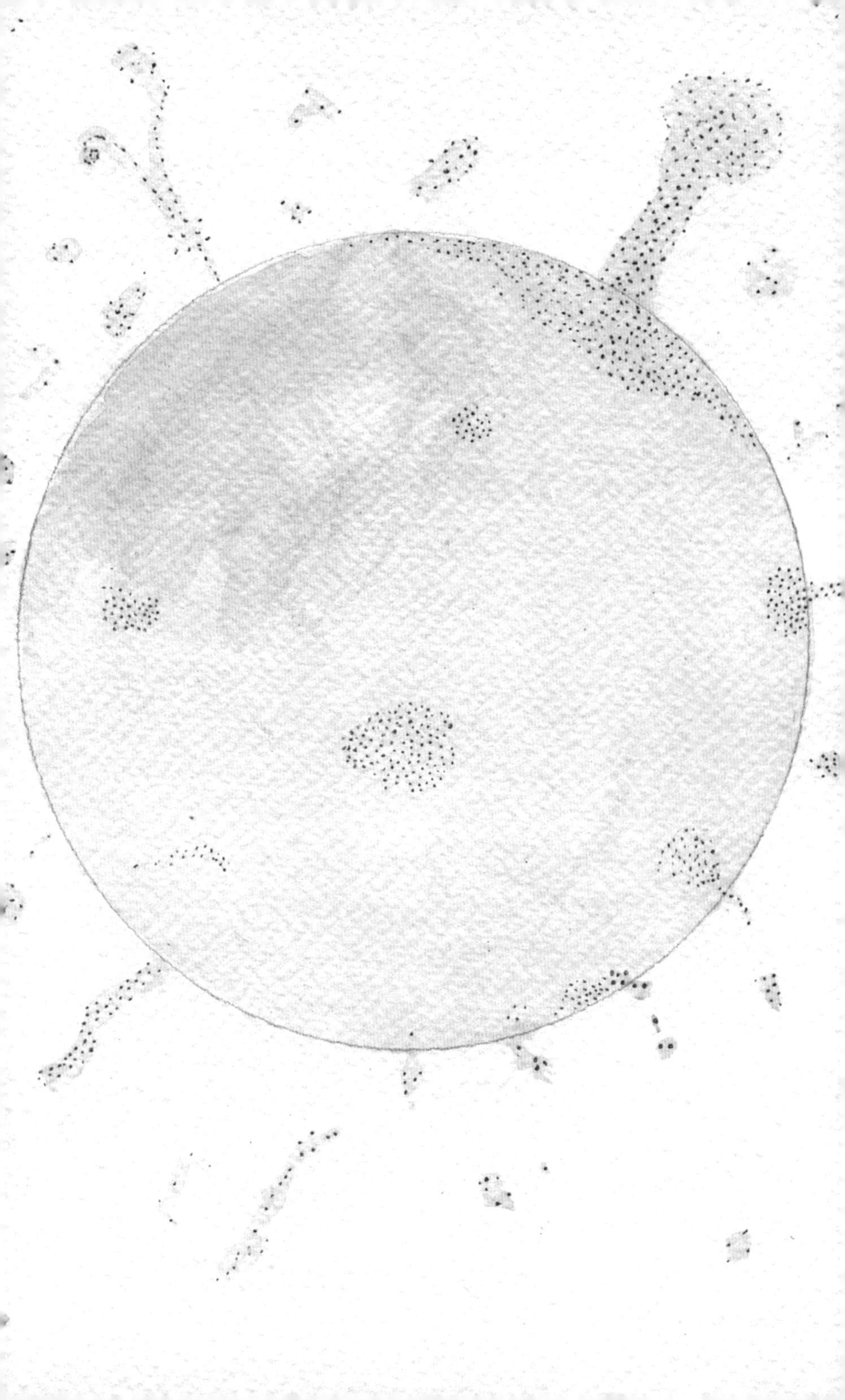

我。那个铁原子要么是真傻，要么就是还年轻，只想插科打诨。读者朋友们，你们要记住，想要探寻真相，最好还是靠自己。我仔细地观察着那团尘埃，发现一颗颗粒上写着“SCPT”。“这是什么？”我心想。我想上前问问，但是又有点不好意思，所以就先搭了句讪：“哎，原子们！现在凉快点了，是吧？”的确，周围确实变得凉爽了。

“凉快点好啊，至少大家能慢点走了。”它们一起答道，像是一个原子一样。

“抱歉，那个 SCPT 是什么意思啊？”

“地球建造公司（Società per la Costruzione del Pianeta Terra）。”

“是什么意思？”

“就是说，分子、原子一起组成一个叫‘地球’的大球。公司想要把它打造成一颗拥有美好未来的行星。”

“可是你们要怎么建呢？”

“我们利用重力把原子们聚在一起。”

“挺有意思！”我心想。

后来，我离开了那团尘埃。走的时候，我对它们说：“我觉得我会去那里看看的！回见！”

一封封情书

这片“羹汤”里，居然还有爱情。

——“厨子”吉诺·梅斯特罗（铜原子）

在之后的几年里，我越来越感觉到需要和其他原子结合在一起。可是我忘不了迪诺·莫莱克勒。我还是很想它，经常沉浸在回忆中无法自拔。所以，我再也不想建立那种只有两个原子的关系了。为此，我尝试过好几次，但都以失败告终，我总是把其他原子和迪诺·莫莱克勒做比较，而每次都觉得它更好。我想要的是那种集体生活，所以和三个或者更多原子在一起也许更适合我。当然，你们不要以为我拒绝其他原子的时候会很开心。因为几十亿年之后，我会常常回忆起那时收到的情书。要是我当时答应了，我的生活就会是另外一个样子，我现在所写的也会是另外一个故事。那时，我收到的第一份示爱来自一个氢原子。它从我身旁擦过，我差点被迫与它合成一个分子。它应该是个非常自信的家伙，你们读读看这封信有多么肉麻：

我亲爱的皮奥先生：

仅仅是从您身边经过，我就已经沉浸在快乐中。我要向您表明心意：我已经无可救药地爱上了您，而且我相信您也一定爱着我。但也许是那奇怪的虚荣心在作祟，我更希望能听您说出来。啊！荡漾在这片爱的电磁波中，想着我们将结合成一个分子，我欣喜若狂，我也许会激动得把电子抛到九霄云外。我最最亲爱的皮奥，请表明心意吧，整个宇宙将见证我们这份珍贵的感情。当然，您只需说一次就好，之后我们俩就会形成牢不可分的化学键，合为一体，成为一个氢分子。请您一定要真诚对待这份感情，它绝非龌龊下流之事，我们尽可以坦诚相待。

最最最亲爱的皮奥，请不要浇灭我心中对爱的期望，这是我在宇宙中存在的动力。

您的宝贝

不管怎么说，这是个非常可爱的原子，可我却不愿意和它在一起。该怎么办呢？我选择视而不见。再说，它未免太自信了一些，不是我的理想型。它一定能再找到另一个氢原子的，毕竟氢原子在宇宙中到处都是！

你们再看看这封，来自一个有着十七个电子的氯原子：

我的爱人：

环顾四周，我不禁问自己：这世上有什么美好的事物值得我屏气凝神地仔细欣赏呢？如果有，它又在哪里呢？在经过长时间的思考与观察后，我找到了答案。我亲爱的皮奥，你就是那个最美好的事物。其他的我都看不上。一个大大的愿望已经在我心中觉醒，如果它得不到满足，我将无法释怀。这个愿望就是与您合成一个分子。

您的甜心

我不想和它在一起。它的身材太臃肿，我喜欢瘦一点的。

还有下面这种不知道要把我带到哪里去的邀请：

亲爱的皮奥：

希望我的这番话能为你带去些许欢乐。周围的形势正在逐渐好转：宇宙正在冷却，到处都在形成新的世界。这对我们原子来说，意味着无限可能。但是你要相信，没有爱，我们都不会幸福。我愿意给你我的爱，并邀请你和我一道去一个美好的地方。那是一颗行星，非常安静，只有我们俩，附近有一颗名叫“太阳”的恒星，时不时会发射出柔和的电磁波。我想要的生活不过于如此。你呢？

听上去很温柔，不是吗？但我可不是傻子，哪个原子能决定自己去哪儿呢？原子们自己说了不算的（唉）……我们当然希望能够自己做主，可实际上只有命运能决定我们去向何方。一次小碰撞，一股电磁波，嘭，我们的生活轨迹就会改变方向。总之，我明白，恋爱中的人会觉得自己无所不能。

这些情书使我明白，嘈杂的宇宙中不只有原子、电磁波、吸力、空间……还多出来一样东西：爱情。现在，既然我把宇宙比作一块海绵蛋糕，那么我愿意把爱情比作上面的糖霜。

在我收到的最后一封情书里，有这样一个奇怪的结尾：

向您致以我所有的夸克。

无依之氟

夸克是什么东西，我得去打听打听。我知道你们心里肯定在想：你怎么这么爱问问题……可这是我生活中唯一的乐事了。学习新知识带来的乐趣会抚平我所有的痛苦。于是，我开始四处寻找，看看谁能满足我的这份好奇心。

厌恶

宇宙中有星系，星系里有星星，
星星里有原子，原子里有质子，
质子里有夸克。那夸克里面呢？

——皮奥·辛普利乔和“哲学家”柯西莫·亚里斯多德

关于这个疯狂的宇宙，如果说有什么事情是我当时能明白的，那就是氦原子不愿和其他任何原子形成化学键。从某种角度来看，这要归因于它们无礼。要想好好地合成一个分子，就得共享电子，可氦原子们却安于现状。它们生来如此。

很快，我发现还有一些原子也是这种性格。与迪诺·莫莱克勒分开后，我遇到了一个新原子：它有八个质子，身边围绕着八个电子。

它趾高气扬地从我身旁经过。一股电磁波让我注意到了它的存在：“尊贵的奥诺弗里奥·拉明戈·氖子爵，银河中的王子殿下，太阳系的伯爵……”——后面还有一串头衔，我没全记住——“正在经过，请注意举止得体。”

“对不起，我该怎么做？”

“你怎么胆敢这么问，好不知羞耻。你面前是一个氖原子，一种高贵气体、一名保守传统者、一个利己原子……”

所以，再次开口之前，我只好又复习了一遍它所有的头衔，最后才艰难地和它搭上了话。一开始它并不愿意理我，但我已经懂得如何与高贵气体打交道了。我怂恿它说了一大堆其他原子的坏话，并且得到了我想要的答案。至于它骂得有多难听，从以下这些话里可见一斑："一、氧原子是个大老粗。它和铝、钛、铁、镁这些金属原子，还有硅原子们交往过甚。它甚至还常常和其他氧原子狼狈为奸，从我身边经过时连招呼都不打。它已经有八个电子了，却还想再要两个。为此，它不惜坑蒙拐骗。二、硅原子是难缠的主，被它粘上你就甩不掉。可得离它远点！三、至于氟、氯、溴原子们，它们一天到晚什么都不干，就想着找电子，对它们来说七个都不够。俗话说，知足常乐。它们这么做根本就是错的。四、碳原子只会惹是生非，对宇宙里所有的麻烦事它们要负全责。它们说的也尽是些蠢话。"

除了这些，它还说了许多其他原子的坏话，也包括我。在它看来，我错就错在不会独处。说实话，我当时真的是听不下去了，但找不到理由脱身。幸运的是，它的朋友，另一个尊贵的原子突然出现在了我们附近。

"嘿，奥诺弗里奥！你在这儿和一个普通氢原子聊什么呢？"

"我是在提醒它小心周围的原子们……"

它俩就这么有一搭没一搭地聊了起来。我看清楚了，这是一个氩原子，它足足有十八个电子。其中有八个与原子核的距离较远，环绕在外侧，并且不断变换着位置，就好像是在其他电子以及原子

核之外形成了一层铠甲。看着它的尊容，我明白，它是不需要化学键的——自己拥有的事物是如此完美，为什么要交换呢？

突然，我意识到，尊贵的奥诺弗里奥·拉明戈·氖还没有向它的朋友介绍我。

“您好，我是皮奥·辛普利乔。”

“不好，我是柯西莫·亚里斯多德。”新来的这位说道。

听到这个名字，我愣住了：“亚里斯多德……哲学家柯西莫·亚里斯多德？”

“正是。”

柯西莫·亚里斯多德是这个宇宙里名望最高的思想家，深受我们这些原子的景仰。

“我很荣幸能……”

“荣幸？哈哈哈！”它发出一阵大笑，接着说道，“‘荣幸’这个词只有高贵气体——氦、氖、氩、氪、氙和氡才能用。”

“好吧，那么，我很开心。”

“开心？为什么呢？你不要以为我会愿意……嗯，愿意……和你这个小小的普通原子形成化学键，哪怕只是临时性的。”

“不，我开心是因为我想要向尊贵的您请教一个问题。”

话音未落，砰！一个大分子突然冲过来，狠狠地撞了它一下。这一撞帮了我点忙，因为我和柯西莫·亚里斯多德又能在一起多待一些时间了。可它却勃然大怒：“真没礼貌！这都是什么事！这个宇宙变了，教养已经不复存在了……”它一边嚷嚷着，一边费力地重新整理四散的电子。

趁着这个当口，我赶忙问道：“您是大学者，您知道夸克是什么吗?”

“嗯……愚蠢的原子……你没看到我们的质子是由三个粒子构成的吗？中子也是如此。”

“这个我知道……”

“所以，有人管这三个粒子叫‘夸克’。根据我的研究，在质子和中子出现之前，宇宙是一片由夸克、电子和它们的‘反’兄弟组成的火海。”

“‘反’兄弟?”

“是的，它们是与夸克、电子相同的粒子，但带有相反的电荷。”

“那时也有许多电磁波吗?”

“当然!”

“宇宙中有星系，星系里有星星，星星里有原子，原子里有质子，质子里有夸克。那夸克里面呢?”

“根据我的权威观点，夸克是不可分的。你可以把它想象成一个小得不能再小的小点。”

“那宇宙以前也是这样一个小点吗?”

“根据我的研究，一百三十七亿七千万年前有一场大爆炸。过了一小会儿，准确地说，是0.1的中间再加43个0这么多秒之后，宇宙诞生了，但当时它还非常小，比我这样的原子还要小。又过了一会儿，质子们也出现了。现在，我希望你……怎么说来着……可以离开了，不要再缠着我了。”

于是，我便不再发问，只是等着一个机会把我们俩分开。正巧，一个氦原子撞了过来，我们就此分别。

就是这儿

我在这里很好，
至于是否还有其他一千亿个星系，
每个星系里是否又有几千亿颗星星，
我才不在乎。

——皮奥·辛普利乔（氢原子）

那么，当时我在哪里呢？我被银河系里的一颗星高速抛出，一边飞行，一边平静地等待着接下来要发生的事情。哎，你们要知道，在之后的几十亿年中，我看到了许多原子构成分子的过程。我想，这种结合在一起、待在一起的愿望也许就是宇宙的原动力吧。那时的银河可真美啊！到处都是飘来飘去的原子——你们可能更愿意称之为“气体”，还有许多尘埃。不过，不要问我关于太阳的事，我也说不出什么。我已经去过那颗恒星了，何况你们也知道，那是一段非常恐怖的经历。所以，我也没再看它一眼。总之，那时的太阳和现在的毫无区别，它形成的时候，银河已经存在了将近一百亿年了。如果说有什么新的事情发生的话，那就是原子们渐渐地开始围着太阳旋转，变得像是一个巨大的转盘。又过了许多许多年，在重力的作用下，大转盘分解成了许多庞大的原子团。原子团们互相碰撞，发出一阵阵巨响。大的把小的吸引过来，然后，嘭！那些撞击声听上去真的很恐怖！无数的小原子团撞向大原子团，大原子团则越来越大，变成一颗颗滚烫的行星。地球就是其中之一。啊，地球的形成过程，真的很美。

我不知道你们有没有想过，自己要是出生在另一个国家的话，生活会是什么样子。我想过，我的意思是，我想象过自己要是出生在宇宙的另一边会是什么样。那里的生活应该很奇怪吧。如果那里没有像你们一样的人类（谁知道呢），那么作为一个原子也许会有些悲伤，因为如果它写自传的话，就没人看了。好吧，说这些只是想告诉你们，能出生在你们所在的这片宇宙，这片有人居住的区域里，我感到非常满意。地球最大的优点在于它拥有大气层，一个由重力作用形成的厚厚的空气层，这样一来，许多原子就可以在里面随意游走。一开始，我去的就是大气层。

当然，地球附近也有其他看上去很不错的行星，比方说火星。可那里太热，真的太热……你们能想象得到吗？在那里的话，我会达到一个很快的速度，以至于会脱离它的引力！谁知道最后我会飞到哪儿去！金星呢？唉，它和太阳挨得也实在是太近了，我还是离得越远越好。更何况，去哪里也不是我能决定的！一次，一个有着许多离奇经历的朋友告诉我，木星上有许许多多氢原子，它们和碳原子、氮原子、氧原子结合在一起。不过那里也有许多非常讨厌的氦原子，它们显然只顾自己。

总之，还是不谈其他行星了吧。命运把我带到了地球这里！当时，我距离它滚烫的表面不算太远，我也非常担心。首先，我感觉到地球那巨大的重力正在把我朝它吸过去（当时我已经明白了，聚在一起的原子数量越多，它们对周围物体的吸力就越大！）。一开始，我非常害怕被熔化在滚烫的地球里。我又挣扎了几千年，与此同时，地球也在逐渐冷却、固化。让我感到心安的是，当时我的体力还能够支撑下去。 在当时那样的温度下，我的飞行速度依然达到了2000米/秒以上，和一颗小型导弹的速度差不多吧！要知道，那些体态臃肿的氧原子两两组合在一起形成一个分子后的速度和我相比可太慢了——它们当中只有一部分的速度勉强能超过500米/秒！总之，我与地球保持着合理的距离，与其他原子碰撞后，我也能以很快的速度及时脱身。不过，我察觉到了异样。突然，我听到了一声："不——"之后是一个越来越弱的声音："再——见——了！"

糟糕！那不只有氦原子的声音，也有氢原子、氢分子们的声音。

后来，我遇到了一个友善的碳原子，它与四个氢原子形成了一个大分子。它为我解释了那些声音是怎么回事：许多氦原子和氢原子的飞行速度过快，因而永远地飞走了。确实，它们离得太远，地球的引力对它们根本不起作用。谁知道它们飞去了哪里。自从我知道这件事以后，我也非常害怕有一天会飞离大气层，落入危险的地方。我们原子当中流传着一个说法，就是宇宙中有黑洞……太可怕了！它就像是宇宙的窟窿，宛若无底洞，管你是恒星、行星还是其他什么，只要靠近它，全部都会被吞噬，没有什么能够逃脱，光也不行。我好怕……

宇宙三友

年轻而炽热的地球
沿着它古老的轨道打扫着太空。
所经之处的石块与尘埃，被悉数收走。

——“刷子”林多（碳原子）

在古老而嘈杂的大气层中，听见自己的名字是一件异常奇怪的事。可是由于我当时非常害怕，所以也感到了一丝心安。

“皮奥！”

“天哪！谁叫我？”我心想。那是一阵奇怪的电磁波，听上去像是三股电磁波叠加在了一起，就像你们听见三个人同时说出一个词一样。

“嗯，是谁？”

“皮奥！皮奥！皮奥！”

这可不是小鸡的叫声，这声音和动物、植物无关！当时在地球上还没有这些事物，它们是在很久之后，距今大约四十五亿年前才出现的。何况在当时，地球还只是一个巨大的火球。

“谁叫我？”

“辛普利乔先生，是我们在喊您！”

读者朋友们，现在我要问问你们：我该怎么做才能辨别出这些电磁波是从哪儿来的呢？先试着开始吧，反正一阵阵电磁波从四面八方涌来：只要两个原子相撞，它们的电子就会上蹿下跳，产生电磁波，何况当时有那么多的原子。

"'我们'是谁？别着急！"

"哎……小心……哎哟！！"

我明白了，它们正在朝我奔来，但是遇到了些麻烦。

突然，我又听到了一声："皮奥——！"

我正要回应，却看见三个原子朝我靠了过来。显然，它们是结合在一起的：在两个原子核之间有许多电子跳来跳去，它们看上去像是一个整体。我一眼就认出来它们当中有两个是氢原子。至于另一个——我数了数，原子核里有七个质子——这是一个氮原子。

"辛普利乔先生……"氮原子说道。

"我是兹提诺·德·氮，这两位是……"

"氢宝宝。"

"氢贝贝。"

那两个氢原子同时说道。

兹提诺·德·氮继续说道："我们很乐意邀请您和我们结合在一起，形成一个氨气分子。"

"哎，可我也不认识你们啊……"

"辛普利乔先生……"

"叫我皮奥就行。"

"好的。你好，我是兹提诺。你看，嗯，亲爱的皮奥，你看，我们不要再浪费时间了。你看，你是单身，而且还很轻，难道你不知道，以你目前的速度，很有可能会飞离大气层吗?”

“嗯，我知道……而且我迟早可能会落到黑洞里面……”

一听到“黑洞”这个词，氢宝宝和氢贝贝吓得哭了起来。见它们俩这样，兹提诺不耐烦地说:“行了！别哭了！我们得赶紧把事情商量好!”

“那个，皮奥，我刚才说到，你要是能和我们结合在一起，我们就能构成一个漂亮而有分量的氨气分子，能够安稳地待在这里，一边等着地球冷却下来，一边四处游玩。你觉得怎么样?”

“嗯，我愿意，可是你们为什么对我这么感兴趣?”

“皮奥，你瞧，我们仨现在还不是一个完整的分子！我们还差一个单身的氢原子，你真是可遇而不可求的！我们已经足足寻找了四百五十七年!”

“可最后大家都得到黑洞里去!”

氢宝宝和氢贝贝又哭了起来。

“烦死了……够了！你，皮奥，别再提什么‘黑’了，明白了吗?”兹提诺继续说道，“总之，皮奥，我刚才说，为了能舒舒服服地待着，我们还需要一个氢原子。我自己有七个电子，四个放在身边，另外三个我愿意拿出来和其他三个原子共享，每个原子一个。”

“的确，我知道，对大家都好……就这么做吧!”

和这三个原子结合在一起的时候，我感到了一种难以形容的愉悦。那种感觉就像是拼上了最后一块拼图，或者像是在累得不行的时候躺在了床上，又或者像是恍然大悟的时候，总之，我们在一起释放出了不少能量。

“你们看，”我马上对这三个原子说道，“我就觉得，宇宙中的事应当以某种方式运行，而当事情确实以这种方式运行时，大家伙都会发现它是正确的。”

“嘿，朋友！你说的话如同黑夜一样难以捉摸……我们还得在一起待……待……让我想想……还得在一起待至少五十亿年，甚至是永远待在一起，所以你就别再用什么‘黑’东西烦大家伙了。”

“是啊……黑……嗯……嘿……”

接着，兹提诺唱了起来：

之后，它又恢复了严肃的神情："明白了吗？你要是不再烦我们的话，我们就可以做一些更有趣的事了，比方说，我们可以传一传电子。"

"好，那我们传起来吧，接着！"

"好的！这才是好样的！"

接下来的几年里，我们一直都在做游戏，把电子在原子核之间传来传去。尽管我们无时无刻不受到各种撞击，却仍然是一个完美的分子。

毫无怜悯之心的分子

身为一个原子，向其他分子求助是没用的。

——“哲学家”柯西莫·亚里斯多德（氩原子）

在地球周围的四十六亿零四百零七年里，我们过得还不错，虽然有点挤。你们可以想象一下，在一立方厘米的空间里有数以百亿计的二氧化碳分子、甲烷分子、水蒸气分子以及更大的其他分子。要知道我之前生活的地方可不是什么行星的大气层，一立方米的空间里至多也就几千个分子而已！好在大家都很和气。虽然我会时不时迷路，但这也没什么可大惊小怪的，当时在这颗滚烫的地球的表面也没有什么参照物，好在氢贝贝能记住我们的行动轨迹。

在我们形成氨气分子三年零四个月的时候，氢贝贝突然忧心忡忡地说道：“朋友们，我们离地球越来越近了。”的确，我们距离还很年轻的地球已经很近了，它当时还只是一颗大火球。我甚至都能看到它表面的坑洼，那是一颗颗被引力吸过去的陨石砸出来的。我们开始有些害怕了，于是，又过了一会儿，我们发出了一条求救电磁波：“地球大气中的所有原子和分子们，我们正在跌落。救命，救命，救命！”

时间一点点过去。死一般的寂静。怎么会这样？我们身边有那么多分子，就没有一个愿意帮帮我们吗？没有，一个回应都没有。又过了足足几分钟，终于，传来了一阵不太强烈的电磁波。随着它的逐渐靠近，我们仔细地观察着电子的运动，解读了这条信息："亲爱的兹提诺、氢宝宝、氢贝贝和皮奥，这条信息来自一个甲烷分子。别担心，我们一定能够为你们提供必要的帮助……"

"太好啦！好啊！"氢宝宝和氢贝贝高兴地喊了起来。只是，消息的内容还没完："如果目前的状况一直持续下去的话，我们将会在47.3秒之后撞上你们。这样就能改变你们的运行轨迹，从而解决你们的问题……"

"太好啦！"氢宝宝和氢贝贝还在喊着。

"不过……经过再三考虑……我们还是决定与另一个分子交换原子，并将离开现在的运行轨迹……"

"这是什么意思？"我们一起喊了起来。

"如果命运让我们相遇，我们再相遇吧……也许会在一千、一百万、十亿或者几十亿年以后，又或者可能是三天后……谁说得准呢？甲烷集团。"

"这也太无情无义了！我之前还听说甲烷分子是乐于帮忙的呢！"

我们做出了回应："我们应当遵循这样一条原则——做事应当考虑到大家伙的利益。所以，贵方的选择应当符合利他主义。兹提诺·德·氮、皮奥·辛普利乔、氢宝宝和氢贝贝。"

然而，我们得到的答复却是："尊敬的各位原子，鉴于大家永远都不会死去，所以也没必要无私。诸位尽可以静候佳期，几百年也

无妨。请便，不再打扰。甲烷集团。”

我们还没来得及回复，忽然，一大群原子朝着地球飞过来，像一颗导弹一样撞上了我们。对你们来说，它们组成的东西也许只是一颗微粒，可对我们而言……唉，简直就像是一场雪崩。那是一小块陨石碎片，外边包裹着冰——冰就是氢原子和氧原子牢牢地结合在一起时形成的一种物质。氢宝宝这个蠢货，居然和那块碎片最外层的分子们缠在了一起。我的天啊，它真的太蠢了！这下好了，我们都朝着通红炽热的地球撞了过去！

跳水

香槟在冰箱里冷却时会失去气体。
而地球在固化的过程中会扔出兹提诺、皮奥、氢宝宝和氢贝贝。

——“厨子”吉诺·梅斯特罗（铜原子）

四个原子朝着一颗大火球撞去，它们的心情会是什么样的呢？

“活着真好……”氢宝宝说道。

“闭嘴吧！还不是因为你！”兹提诺打断它。

这时，那颗微粒中的一个氧原子突然插话道：“先生们，没什么可担心的，能有多大事呢？你们会看到火焰、火光，可那又能怎样呢！它们只不过是热量、能量！你们可能会有段时间晕头转向，可能会丢失几个电子，还有可能会彼此分开……不过到头来，各位……你们会重新变回原子的……电子和质子是为彼此而存在的！爱会掌管一切！”

与此同时，我们不可避免地离地球越来越近了。那个氧原子的话可信吗？一切似乎全完了……我抓紧时间向我的同伴们做最后的告别。周围已经热得难以忍受，我们之间的化学键也在逐渐松开……接着，微粒中的所有原子一起喊了起来：“哦——”

顷刻间，我们一起掉入了岩浆里。之后发生了什么，我一概不记得了。也许过了几年，或是几十年，又或是几百年，那又怎样？

对一个原子来说，重要的是发生了什么事情，而不是时间过去了多久。

而那件不可思议的事情就是：地球在固化的过程中排出了之前吸收的气体。地壳上面出现了一道道裂口，大量的气体从中涌出，而后堆积在大气层中。我就在那些气体当中。

来到大气层表面的那一刻，我恢复了意识。一开始我确实感到晕头转向，这很可能是因为过多的热量扰乱了我的夸克。渐渐地，我感觉好了起来。这时，我惊讶地发现，在我身边不仅有老朋友氢贝贝，还有一个氧原子（它可真是太胖了！）。除了它们俩，再没别的了。看来，我是和它们构成了一个水蒸气分子。

“贝贝！”

“皮奥！真高兴能再看见你！”

“我也一样。可是兹提诺和宝宝去哪儿了？”

“它们也从地心出来了，安然无恙。现在宝宝不在了，我真不知道该怎么过，可幸运的是，它从那个地狱里逃出来了……唔，对了，我要向你介绍古斯塔沃·八隅。”

“很高兴认识您，我叫皮奥·辛普利乔。”

“我也很高兴认识您，我叫古斯塔沃·八隅。”

嗯，它看上去像是个友好的原子，你们懂我指哪方面。因为我很有可能要与它相处几十亿年，所以最重要的是它一定不能是个讨厌鬼。而实际上，我当时对它一无所知。

组成气体分子的感觉我已经经历过了，那是和兹提诺、氢宝宝、

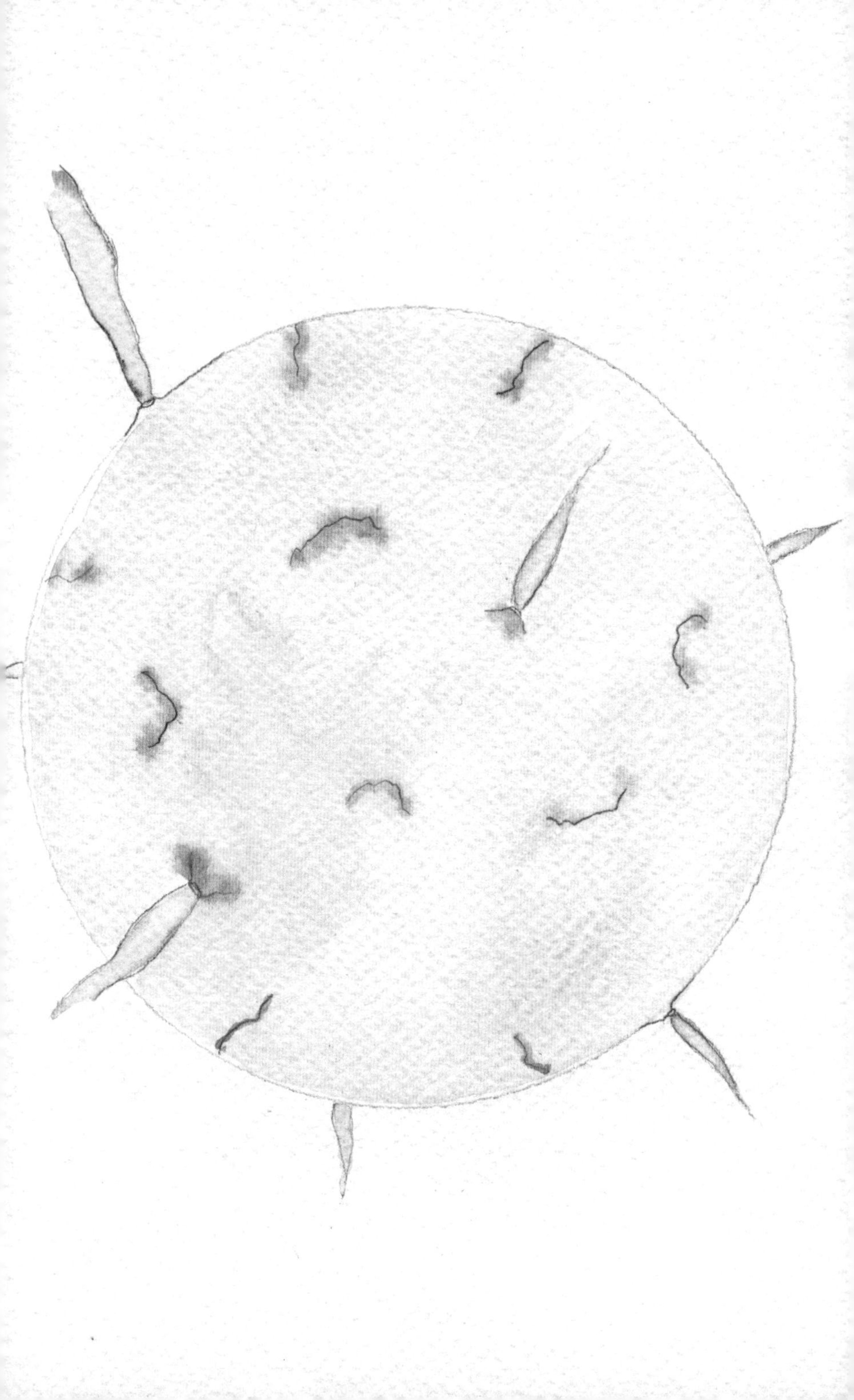

氢贝贝一起组合成一个氨气分子的时候。只是，我的运气不佳，后来发生的事情你们也知道了。但现在，一切都已经安顿下来。地球已经完全冷却了，外表包裹着一层厚厚的壳。我呢，也处在一个够重的分子当中，不至于脱离大气层。总之，我现在感觉成了地球及其周围一切物质中的一部分。

我得说，在气体分子中的生活真的是太棒了。

好吧，我必须得向你们承认：能够与其他原子组成气体分子，我感到非常开心。在气体中，我感到很自由：我可以“漂移”，可以横冲直撞，可以游来游去，可以翻身；想停就停，想动就动，加速，减速……朋友们，这才是生活！

古斯塔沃·八隅看上去也乐在其中。在一起的时间长了，我发现它总是乐呵呵的。我还记得它唱的小曲：

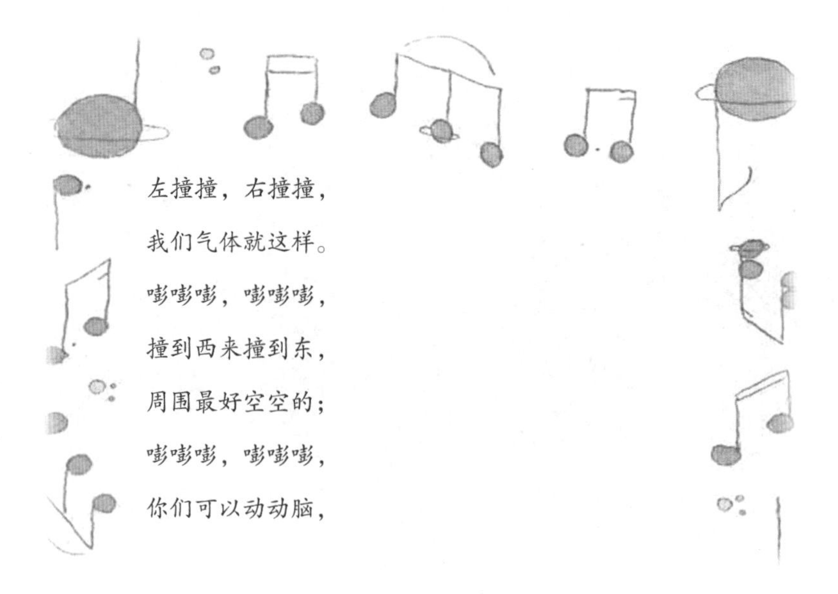

问我什么问题好；

嘭嘭嘭，嘭嘭嘭，

皮奥和贝贝很友好，

这样的原子没处找；

嘭嘭嘭，嘭嘭嘭，

我们在地球相遇，

那里像在打仗呦！

嘭嘭嘭，嘭嘭嘭。

我和古斯塔沃·八隅成了无话不谈的好朋友。它总是笑嘻嘻的，而且非常友善，有一次我便忍不住问它为什么总是能这么怡然自得，它回答道：“皮奥，你看，我以前一直缺两个电子……”

“可是你已经有八个了啊！”

“没错，可是我把它们中的两个留在了原子核身边，其余六个待在外围。这样，我外围就还有两个空位置。”

“为什么呢？”

“哎，朋友！为什么？这不明摆着吗？为了舒服，为了感到完整！对，就是为了感到完整！”

“所以，与我们结合在一起，你感到更舒适……”

“是的，这样我就能够使用你们的两个电子，相当于我在外围有八个一样……”

“我这边的话，再来一个也就很好了……”

“没错，所以你可以用一个我的……”

也许没必要再问下去了。经过这番交谈，我更加确信，原子们在一起是出于利益。回想从前，我以为原子们在一起是因为爱，然而许多原子在一起形成化学键仅仅是为了各自的利益。我当时收到的那些情书，有多少真情实意在里面呢？为什么大家都这么现实呢？就是从这次对话之后，我开始问自己这些问题。从某种意义上来说，我开始明白宇宙是怎么一回事了。

地球派对

地球冷却凝固的时候，
大气层中的原子们组织了一场派对。

——皮奥·辛普利乔（氢原子）

我们来到的这个美好的地方叫“太阳系”，这里的情况有了很大好转，不再有大量的陨石、碎块砸向地球。又过了几亿年，最初的地壳形成了。在地球的内部，岩浆翻腾着，就像你们锅里的水烧开了那样。我们还见证了月亮的形成，它是被地球抛出来的一大块物质，但是又被地球的引力吸在身边。之后，又过了大概三亿年，地球冷却下来。当时，火星和水星还在释放热量。不过那仅仅也才持续了不到一亿年。

我们当时都比之前更加从容了。当最后一处岩浆凝固的时候，大气层里的原子们组织了一场派对。

原子们在分发出去的邀请函上这样写道：

各位原子：

你们在找另一半吗？你们想变得完整吗？

今天，你们的好运到了——来参加“地球大派对”吧，一同来庆祝地球的形成。

这里有劲歌热舞，这里有强电磁波，一切都是为了庆祝我们来到了这个梦想中的星球！

特邀嘉宾有：

歌手贾科莫·过氧酸，将演唱歌曲《多么美丽的地球》；

氢氧根乐队，将演奏曲目《宁静的大气层》；

碳化物舞团，将带来舞蹈《乙炔》。

整场活动非常精彩，只是结束的方式有些出乎意料。水蒸气分子们到场的方式非常特别，不过这一点我在开始的时候就知道——整场演出中，它们不断涌来，一共得有几十亿个。我和古斯塔沃、氢贝贝是来得比较早的。我们把电子收拾到合适的位置，同时注意自己的举止与周围环境相符。

和往常一样，氦原子、氖原子们都是自己来的。我听说有许多氦原子和氖原子因为质量太轻、速度太快而脱离了大气层，不知道去了哪里。这就是教训：它们当初要是组合成足够重的分子，也就不至于如此。可是……

演出中途，我来到了一个氖原子旁边。哦，对不起，它要是读到这里一定会生气的。它正确的名字是贾科莫·坎普诺沃，它是安德罗梅达的王子殿下、奥里奥内的执政官、马杰拉诺伯爵以及超级黑洞射手座子爵。

我和它打了个招呼，它一声不吭，不理睬我。又过了好一会儿，它释放出一阵剧烈的电磁波："别烦我！！没看见我结构完整吗？！"

“哎，真是个神经病!”我说了一句，然后离开了。

又过了一会儿，突然发生了一件怪事：从太阳上发出的一股电磁波直直地撞上了一个离我不远的水蒸气分子。随后，那个分子中的氧原子大声喊道:“各位，告辞啦!”

“这话怎么说的?”其中的一个氢原子问道。

“靠着来自太阳的这股能量，我要去别处转一转……再说，我和你们也待够了!”说着，那个氧原子离开了，留下了两个氢原子。

后来，我看见那两个氢原子和一个甲烷分子、几个氧原子、氢原子在一起讨论着什么。大家的情绪都很激动，我听见了几句粗话，但最后又都恢复了平静，看来是谈成了什么事，因为最后它们向外释放出了一股电磁波。看上去它们应该是构成了两种连接关系，它们形成了两个分子：一个是二氧化碳分子，其中有两个氧原子和一个碳原子；另一个是水分子。

至于刚才剩下的那两个可怜的氢原子已经不知道飞向了哪里，它们实在是太轻了。再没有谁见过它们，听说它们已经离开了大气层。

这样的怪事在派对上还有许多。大家紧紧地挨在一起，伴着太阳发向地球的电磁波跳着舞。突然，来了一个疯子(那是一个有九个电子的氟原子，谁知道它要做什么呢?)，朝着我们大声嚷嚷:“一个就行！我要一个氢原子!!!”

哎，随你们怎么想吧，不过我肯定和这个疯子合不来。也许它是个不错的原子，不过我和古斯塔沃、氢贝贝相处得很好。后来我听说它和一个叫“氘”[1]的氢原子好上了，后者的原子核里除了质子，还有一个中子。

此外，派对上还来了一个名叫“吉诺·梅斯特罗”的铜原子，大伙都叫它“厨子”。它自称来自一个巨大的名叫“NGC 1232”的螺旋星系。它让聚在其身旁的其他原子回答问题，以此为乐。它还说，谁要是猜中，就奖励谁一个电子：“诸位，加油！想一想，动动脑！奖品是我的电子……你们看它转得多快……”

它一边说着，一边向大家展示着它那最外围的第二十九个电子，电子转得飞快，和你们玩的陀螺一样。那个问题是这样的：“一公斤白糖里有多少碳原子、氧原子和氢原子？”

我可知道，这问题谁都答不出来的，这样它就可以一直留着那个电子了。

① 亦称“重氢”，是氢的一种稳定同位素。无色无臭气体。——编者注

倾盆大雨

幸亏没人听见过那些可怕的雷声。

——迪诺·莫莱克勒(氢原子)

派对到了最后时，局面已经无法控制了：太多的水蒸气分子蜂拥而至，整个地球被一层厚厚的黑云包裹起来。正当乐曲《宁静的大气层》(命中注定是个讽刺！)响起时，一声炸雷划破了天空。雷声一阵接着一阵，我们一会儿挤在一起，一会儿又四散分开。过了一会儿，我们渐渐适应了这个节奏：先是看到闪电，然后听到雷声。从太阳传过来的电磁波已经很少了，周围也变得寒冷，我们几乎都停滞不动了。舞蹈，还有欢乐的气氛，现在都已经终止了。

“大家都要走了吗?”氢贝贝突然说道。

确实，我看到一群又一群的水蒸气分子离开了派对，并且像疯了一样朝着地球表面飞速扑了过去。要知道当时是非常冷的，我们大家都不怎么动的。很快，我发现我们和其他分子之间的距离近了许多。在那段时间里，我和氢贝贝的电子围着古斯塔沃跳得很开心，而古斯塔沃也很高兴能有这两个它期盼已久的电子。结果，我的质子被身边一个水蒸气分子中氧原子的电子吸引。于是，在与古斯塔沃保持化学键的同时，我和奥诺弗里奥也结合在了一起……是的，

我觉得那个大胖原子应该就叫奥诺弗里奥·潘杜罗。同样的事情也发生在了氢贝贝和另一个氧原子之间。所以，你们不要惊讶，我们现在已经构成了一个庞大的集团：许多水蒸气分子都以这样的方式结合在了一起。你们知道我们实际上变成什么了吗？一片雪花！突然，我们开始朝着地球降落了。

谁都没有反抗。我们一直在下落，可这次在下面的并不是一片火海，而是大片大片的水域。新的历险就这样开始了。下落的过程中，温度逐渐升高，我们的活动也越来越自由。我自己已经开始摇摆了，一会儿这儿，一会儿那儿，最后回到了奥诺弗里奥·潘杜罗身边。即将落到地球上时，我们已经不是一片雪花，而是一滴水了。一个分子突然喊道："永别啦！！！"然后离开了我们。又过了一会儿，奥诺弗里奥·潘杜罗喊道："做——好——准——备！"然后大家一起喊道："哦——"就像是演唱会那样。然后，"嘭！"

我和氧原子、氢原子、钠原子、氯原子、碳原子、锰原子、硫原子、钙原子、钾原子、溴原子，还有其他各种原子一道，落入了初生地球上的一片海洋中。

在“羹汤”里

“一开始是一片水。”
最先说这话的是一个原子。

——迪诺·莫莱克勒（氢原子）

雨还在下。闪电时不时照亮包裹着地球的那一层黑云。海洋上狂风呼号，掀起一阵阵巨浪。

在海里，虽然身边没有其他分子，而且也有足够的空间，可是我却感觉不像在气体里时那么自由。不过，我在水里也挺开心的。因为，我和我的伙伴们会被巨浪带到空中，而后拖着在空中遇到的分子，再落到水更深的地方。我还被一些氧原子吸住，但是持续的时间并不长，所以仍旧在各个分子之间滑来滑去。就这样，命运决定我去向哪里，不过，用你们的话说，这是一个个自然现象：波浪、风、旋涡、闪电……

又过了几百万年，一切才都平静下来，海洋变成了一处宜居的地方。经历了这一切，我感到非常自豪——我们现在是一个个水分子了，对从天上，不，应该说是从整个宇宙来的陨石们，甚至所有其他分子都非常包容……原子们彼此都认识，形成一个个集团，建立起友谊。

读者朋友们，也许你们害怕闪电，害怕雷声。是的，它们的确很吓人，不过，也正是它们帮助我们分子互相认识，因为它们可以劈开一些之前的集团，同时创造出新的联系。海洋就像羹汤一样，里面除了水分子，还有许许多多其他分子。

最糟糕的时刻已经过去了，之前那层由水蒸气分子构成的黑压压的云层在逐渐变得稀薄，阳光射入海里。这股能量让大家激动起来。这股激动是快乐的，是积极的，是发自内心的……一颗新的星球正在形成！

一天，我无意中探出水面，与一个即将要落入水中的二氧化碳分子交谈起来。

“哎，上边怎么样？”我问它。

“我被风推着围着地球绕了三圈！”它回答道。

“啊！快告诉我，这几百万年里地球的变化大吗？”

“哦，变化可太大了，地球现在看上去颜色很深，因为海洋的颜色已经非常深了。”

它还没说完，就掉入了水里，谁知道去了哪里。

“变化可太大了”，你们听听！又过了四百一十二年，我又重新探出了水面。当然，古斯塔沃·八隅本来也想出来看看，可是它的位置有点别扭，出不来，于是便对我说：“你挪一下电子，让我过去。”可是我也决定不了我的动作啊。总之，你们猜我出来看到了什么？两个结合在一起的氧原子。这是我第一次见到一个氧分子。我回去讲给古斯塔沃·八隅听，它说道：“谁知道地球上发生了什么事情，我们根本什么都不知道！”

是啊……现在想起这句话，它说得对，地球上正在发生一些令人难以置信的事情。

生命！

在宇宙的历史中，
什么事都不如这份羹汤重要。

——“厨子”吉诺·梅斯特罗（铜原子）

从我诞生起到现在，我见过许许多多奇怪的原子，比如有一次，我遇见了由六个氢原子、两个碳原子和一个氧原子构成的物质，你们称其为“乙醇”；还有一次，我看见两个氢原子、两个氧原子和一个碳原子在一起形成了甲酸。打那时候开始，我就非常清楚，碳原子们可真是天生的自来熟哇！人家就有这个本事，把其他原子勾到手，并与它们建立牢不可分的化学键。一次，一个氧原子向我透露，在它交往过的三十四万七千五百四十七个原子中，唯一的真爱就是一个碳原子——它们俩的关系维持了整整五百四十年。

不过，亲爱的朋友们，这些都与之后的三十亿年没有太大关系。我后来还见过许多巨大的碳原子团，每次看到它们我都感到无比惊讶。我甚至还见过它们聚在一起，构成了一个个小球。

我还是得再重复一遍。在那一刻之前，也就是说一百多亿年以来，我从未遇到过……生命。抱歉，这么说可能有些无礼了，但至少我确实是没遇到过的。我想说的是，那些植物、动物，有谁见过它们呢？也许真的存在一些可以决定自己去哪里的原子团，它们能够朝着一个目的地前进，但光是这点我就想象不出来，因为我们单个的原子做不到这一点，我们没办法选择去哪里。更别提宇宙中会出现一群群叫作“生物”的原子团，它们会思考，会行动，会发射声波，会移动，会进食，能自己养活自己……

好了，该说的都说完了，接下来我就要给你们讲讲六亿年前发生的事情了。

我和古斯塔沃、氢贝贝当时差不多处于海面和海底之间中间的位置。一个声音通过其他原子传递了过来，那声音来自海底，正是由数十亿个碳原子（哪儿都有它！）、氮原子、氢原子以及氧原子发出的，它们正在海底像一具躯体般移动着。我想看看那个……可以叫它“动物”吗？不管叫什么吧，我想看看它。已经见过它的原子们形容它是一个扁平的生物（也许你们会把它看成一块小垫子！），身体是一节一节的。

“看在所有黑洞的分上！我就知道，碳原子们真是无所不能！”氢贝贝这样说道。

深渊巨怪

碳原子们的确有一套。

——氢贝贝（氢原子）

任何事情都得眼见为实，否则就会一直是个谜。而我的这个谜已经持续了两亿年。那天在海底爬行的那个东西我还没有见过。它真的存在吗？

大概在四亿年前，发生了一件事，它使我相信，那个东西真的存在。当时我差点吓晕过去：那真的是一个庞然大物。当时，我和我的朋友们正悠然地在其他分子之间滑行，突然，周围一下子安静了下来。又过了几秒钟，古斯塔沃发来了一阵断断续续的电磁波："贝……贝……皮……奥……你们……你们看啊！"

那是什么呢？给我的感觉就是，一大群加起来足有十米长的原子正朝着我们移动过来。什么，你们不觉得惊讶吗？好吧，可能你们得换位思考一下。试想，你们正在海里优哉游哉，突然看到一条从未见过的大鱼怪，它浑身布满鳞片和尖刺，长着一块块骨板，就像是披着一身铠甲；还有那张大嘴，里面的牙齿又长又尖。德谟克利特大神啊！这个东西肯定见谁咬谁！

一时间，我和朋友们都不知道该怎么办了。那个怪物的嘴一开一合的。你这是要把我们吞下去啊，我心想，行吧，可以。我虽然在海里、在雨里、在空气中都待过，可是，一想到要到那个怪物的身体里去，我还是有点害怕。一旦进了它的嘴，你们知道可能会发生什么事吗？我和我的好伙伴们也许就会分开。

这时，古斯塔沃·八隅勇敢地大声喊道："哎！你们要干什么？"

"哈哈哈。"怪物头上的一个碳原子大声地笑了起来。紧接着，其他原子跟着一起笑了起来。

"哈哈哈哈！咦！喔！"笑声震耳欲聋，我从来没听见过这么响的声音。又过了五秒钟，刚才那个碳原子发出了一股强电磁波："安静！"霎时，其他所有原子都停止了笑。

显然，它是这群原子的头目。见大家都安静了下来，它开口了："我，先锋中的先锋，唯一的第一，场场打头阵，事事往前冲……历尽辛苦，打造出这条大鱼，或者应该说，这条鱼就是我。让开，你们这些低等的家伙，你们只配组成海洋，任我在这里尽情遨游。"

它在说这番话的时候，那条大鱼的嘴也在一张一合。

"不好意思，举办地球派对的时候你不是也在吗？"古斯塔沃大胆地问了一句。

"你这个可怜的大胖子，胆敢问我去没去地球派对？我当时是和两个氧原子在一起……好吧，派对我去了，那又怎么样？你这个肥胖的家伙，胆敢质问我这个海洋中最伟大的沟通者、社交家……我能够把氧原子、氮原子、氢原子，还有其他原子聚在一起。瞧瞧我这儿有多少条化学键，再看看你，只能和两个卑贱的小原子在一起，形成两条化学键。”

卑贱的小原子？这些碳原子构成生命之后显然是狂得找不到北了。

“哎，它们是氢原子，和你身边的那些氢原子是一样的！”古斯塔沃说。

“闭嘴吧，你这个粗鄙的原子残骸！知道我是谁吗？我可是伟大的、独一无二的……哎！”

它飞快地收拾了一下身边的电子，接着马上喊道：“军师！”

“先生，我在！”

“告诉那个大胖子我是谁……”

“喂！这位可是参与构成第一个细胞的……”

“不对！蠢货！我叫什么名字？”

“啊……对……这位是尊贵的阿米尔加莱·腔棘鱼[①]·德·碳司令，大名鼎鼎的泥盆纪大王。”

“听明白了吗？”

“嗯，明白了……可那是谁啊？”

“你怎么还胆敢这样问？！弟兄们，上！”

说着，大鱼张着大嘴直直地朝我们冲了过来。该死，这个怪物离我们越来越近了……当然，我们像往常一样发出了求救信号，但很快也得到了如下答复：“鉴于你们永远不会死，我们还是下次再帮

---

① 腔棘鱼被认为是最早的水生生物，并且是第一种走上陆地并长出脚的鱼。它在约4.20亿年前—约3.59亿年前的泥盆纪时普遍存在。——编者注

忙吧。”

真不赖……大鱼张着大嘴，就在我们面前了……哗！我们进去了……真恶心，我尽量忍着不四处看。幸运的是，我们进去了，在里面转了一圈，又被一股神奇的旋涡带了出来。就这样，我们目送着泥盆纪大王和它的手下们消失在了远处……

“啊！终于逃过一劫！”氢贝贝松了口气，说道。

蒸发

要想改变一切，
还得和碳原子打交道。

——古斯塔沃·八隅（氧原子）

那是三亿七千七百万零五百七十七年前的一个上午，一阵阵洋流把我们带到了一处刚形成不久的洋脊，那里向上隆起，水位相对于别处来说也比较低。阳光穿透水面，我们的电子变得活跃起来。在更深处，海藻呈现出深绿色，随着海浪四处摇摆。我们几乎一动不动地待了大约三个小时，之后来了一股轻微的热流，慢慢地把我们带到了水面上。

时隔多年，我再一次看见了天空。整个下午，我都在静静地凝望着它，后来，天气发生了变化：先是一阵微风吹过海面，而后大片大片的乌云遮蔽了天空。风越来越大，直到我们猛地和一个二氧化碳分子撞了一下，就这样，我们离开了水面，被一阵阵狂风吹着，离开了海洋。那天晚上，我们飞过一片片海洋。那银白色的月光始终跟随着我们。

天空泛红时，风变小了，当时我们已经到了非常高的地方。可之后风又起来了，把我们带得更远了。之后，火红的太阳探出了地平线，而在我们下面，则是一个美丽的地方。那是陆地，在阳光的

映照下熠熠生辉。它的变化可真是太大了！我看见岸边长满了青苔，山上耸立着一棵棵高大的树木，还有早期的那些无翅昆虫。到处都是碳原子，还有许多朝着天空飞去的氧分子。

风把我们吹得越来越高，我和我的朋友们则静静地欣赏着下面的景色：一片巨大的海洋几乎覆盖了整颗地球的表面。那时，各大洲、各大洋还是一个整体。

一个气冲冲的家伙

“你挤我，我挤你，我受够了……”

——罗莫洛（姓氏不详，硫原子）

我的生活可不仅仅是凝视地球。我还会与其他原子交谈、建立联系，还会问它们各种问题。在这期间，我遇到太多太多古怪的家伙了。

例如，有这么一位，它是一个神经质的原子。

当时，我正在大气层中，一边游走，一边思索着：那些植物和动物到底是怎么在碳原子的张罗下从一个个小小的原子团变化而来的呢？你们知道的，我的好奇心比较强。总之，想着想着，我突然对氢贝贝说道：“氢贝贝，对不起，可是现在我很好奇，我们在海里的几百万年里，到底发生了什……”“嘘——”氢贝贝冲我说道。接着它又发来一股缓和的电磁波：“别出声……听……”

我转过身，看到远处有一个硫原子与两个氢原子连在一起。我们和它们之间并没有很多原子，周围也没有什么电磁波，环境很安静，然而……

“见鬼去吧！这帮疯子……”硫原子生气地说道。

“怎么了，朋友？”我问它。

“唉，没有一件事是正常的！简直是一团糟……我受够这个宇宙了，走啊，跑啊，转圈圈，撞来撞去……没完没了！”

“那个……一团糟不至于吧，我们还是有一些规则的。”我说道。

“啥意思？”

“有些事不是偶然发生的，而是依照精准的规则，比方说，当我们水分子形成一个液滴并且变得足够重时，我们就必须要返回到地球上去。”

“关我什么事！不就是你挤我，我挤你……”

“挤来挤去挤自己！”和它一起的另外两个原子齐声应和着。

“成天飞来飞去的，一会儿被风吹上山，一会儿去了看不着边的平原，一会儿又去了草里，一会儿又蹭上了树皮。可真行啊！谁定的这些烂规则呢？”硫原子又说。

“嗯，那我不知道……不过都是这样，一直都是这样。有些事一直是按照某种方式运行的。反正我是已经习惯了，当我看见有些原子以某个速度相撞以后的去向，我就知道它们要去哪儿了……”

“不就是去找电子了吗？关我什么事？喂……这里就是一团乱哪……明天我会在哪儿？你又会在哪儿？谁说得上来……”

“嗯，我要是知道是谁撞的我，那就……”

“我可怜的朋友……你以为你能解释得了？你疯了吗？鬼知道明天我们会在哪儿，鬼知道一百万年以后宇宙会是什么样，那是有无限种可能的……那是命运说了算的，只是一次偶然而已……”

“不对，一切应该都已经按照规则预设好了，你没看见那些植物和动物吗?”

“那又怎么样?”

“这意味着事情就应当是这样。所有的一切都在为了生命的诞生而运行!”

“你胡说什么!所有的一切都只是偶然!碰巧而已!不过就是你挤我,我挤你,挤到这儿,挤到那儿……最后当然会形成这些原子团……我倒要等等看,还会有什么好……”

“你们听好了,说实在的,你们得承认自己什么都不知道……仅此而已。”氢贝贝突然插了一句。

“等会儿,关于我你们又知道多少呢?我可是从海里来的……我看看……一、二、三……”硫原子说道。

“喂!你还一个个数啊?!”另外两个氢原子说道。

“可不,我就得数……嗯,对,那是四亿四千万年前……对,我是从海里来的,那是四亿四千万年前。我在海里进进出出,一会儿上,一会儿下,我马上就要散架了,然后来了一个家伙和我说,我之所以要散架了,是因为要出现生命了!喂!你是个大笨蛋吧?”

“这么说,你应该看见过许多美丽的事物……那段时间我还在海里,外面都发生了什么呢?”

“罗莫洛,快,给它讲讲……”它身边的一个氢原子说道。

“我当然开眼了……我见过的事情多了去了……我当时正奔着……”

“好好说,它可是个写书的……”

“行……我严肃点，好好说……开始……我成为气体分子的过程并不轻松。这一路走来，我和我的两个原子一会儿落入海里，一会儿又被抛出来，来来回回，没完没了。终于，我以为自由来了，而风又把我带到了一群原子的表面，它们几乎要把我淹没……喂！这么说行不行?”

“太棒了!”另外两个氢原子说道。

“当天边出现玫……”

“好极了！就这么讲……”

“……出现玫瑰一样的颜色时，我被气流团团围住并且抬了起来，接下来，我就是大气层中众多原子中的一个了。”

“继续讲，别停……”

“谢谢，亲爱的……我在风里一边飞，一边观察着下面。那颗大球在转，在太空里转啊转，我们也都跟着它，每个原子都有自己的故事，那里有遥远的土地，有翻腾的海洋。有的原子告诉我，几百万年前只有几处比较潮湿的地方，从上边看起来有些发绿。陆地的岸边已经长满了海藻，随着时间的推移，海藻又随着洋流渐渐在陆地上铺开。我呢，这些年一会儿掉到海里，一会儿又被抛出来，一会儿急速下落，一会儿又飞向高空，围着地球转了一圈又一圈，我觉得自己的存在毫无意义，这么多年一事无成，只是任由命运摆布……够了，这么说话太费劲了……那个……我累得慌!”

“啊！好了，不要讲了！你刚才讲得很好!”

“命运真的是让我……什么规则不规则的……我……”

“不对……”

“好了，我是给那位先生讲的，我想怎么讲就怎么讲，明白吗?”

“我跟你说……你呀，适合去构成一块水晶，它很坚硬，结构也很整齐，还不会变化。”那个氢原子说道。

“喂！水晶多漂亮啊！有一次我差点就进去……喂！要不是撞上那个二氧化碳分子，它们跟我说要去海里……真是够了……两个小时以后，我见到谁了？那个二氧化碳分子溜了……那家伙真该……”正说着，它被一个氮原子撞了一下。

“真该到海里去!”

趁着这个小插曲，我再次问起那个我更关心的问题:“生命是怎么来的呢?”

“我哪知道？我只能再说一遍，原子们挤来挤去，当然会以最奇怪的方式结合在一起。”

看来，还是没有谁能够回答我的这个问题。罗莫洛以各种方式给我讲了许多其他我不知道的事。根据它所说的，我能够推断出，它在天上往下看见的那些植物是典型的水生植物。另外，你们还记得它说过什么吗？大约四亿四千万年前，也就是它从海里出来的时候，地壳表面有些发绿。它告诉我，那些植物一代又一代地繁衍生息，长出了更结实的结构，能够把自己支撑出水面。就这样，出现了树木类的植物。这些植物得以在陆地上到处生长。

而且，罗莫洛的话也透露出，第一批无翅昆虫至少是在距今约三亿八千万年前才出现的。不过它不知道，之后在地球上将会出现有翅昆虫。这也是我后来又过了几千万年以后才发现的，那是一只漂亮的蜻蜓，它飞进了我的电子场。

听了罗莫洛的故事，我愈发相信陆地上的动物们也是我在海里见到的那些动物演变而来的。的确，它告诉我，最开始那些动物出入海中，样子确实很像鱼。总之，它认为，从那时起，至少又过了大约一千万年，才出现了真正的两栖动物，它们能够离开水生活很长时间，比如蟾蜍。

所有这些事都让我非常好奇。可是突然，一个氧分子狠狠地撞了过来，罗莫洛一下子被撞出了很远。

“喂，推什么推！想干什么？喂！！滚海里去吧……”它一声又一声地抱怨着，渐渐消失不见了。

疯狂的大陆

有一个变化，肯定同时还会有另一个变化。

——皮奥·辛普利乔（氢原子）

你们要是以为地球上陆地（美洲、欧洲、非洲等）的位置一直如此，那可就是大错特错了。我从海里出来的时候，它们还都连在一起，是一个整体。但这种情况也并非一直如此，以前不是，以后也不是。罗莫洛告诉我，之前大陆是连在一起的。我见证了它们逐渐分开，一直到今天的样子的变化过程，那个过程是非常美妙的。起初，海水包围着陆地，地壳不断变动，然后有一部分海水流进了陆地内部，并继续向西前行。随后的数百万年里，海水不停地占据更多空间，终于有一天，瞧啊，欧洲和非洲分开了。于是有了大西洋，大西洋越来越大，北美洲也出现了。随着大西洋不断向南延伸，最后，南美洲也与非洲分开了。

这些变化又带来了许许多多其他变化：洋流因此而改变了流向，风改变了风向，原本干旱的地方开始不停地下雨……总之，这颗星球上的每个角落都发生了变化。

很快，我又发现了一件奇怪的事：如果一个地方的气候发生巨变，那么几亿年之后，我看见的动物和植物当初其实是不存在的。

它们的器官、肢体就是适应气候变化的产物。罗莫洛说那只是偶然。也许……

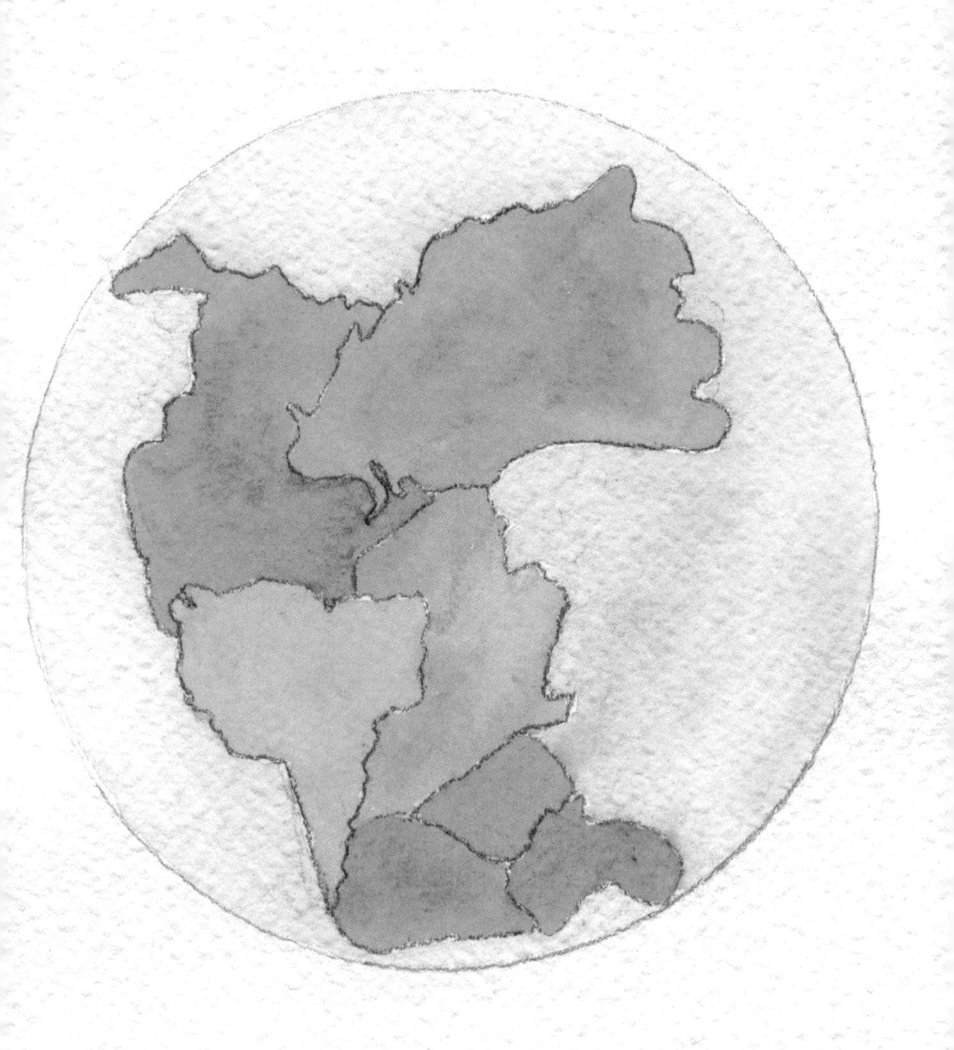

强者的法则

我们原子的劣势就在于根本帮不了任何人……

——皮奥·辛普利乔（氢原子）

在空中一边畅游一边俯瞰陆地的感觉真棒，不过，飞着飞着，我开始想自己是不是还能做点别的事来打发时间。我相信，早晚我还会变成雨水掉回地球上，只是还不知道在什么时候、从什么位置。我希望那是最后一次变成雨回到地球上，然后开启新的历险，虽然我还会感到有些害怕。哪知道，那一天我等了八千多万年，在那期间我确实变成了雨，足足有八十七次，但每一次都是落入海里。

我在大气层中的大部分时间里都是被风吹来吹去。我经常能绕着地球上空的某一个点一圈一圈地飞上几千千米。可是，由于飞得太快而且距离太远，我并没能够仔细地去观察地球上的动物。

因此，当我们有几次“碰巧”——就像罗莫洛说的——落到树干、树叶或者草叶上时，那简直就像过节一样。那种事几百万年才能赶上一次，每次我们都抓住机会去探索发现各种新变化。

其中一次经历令我和朋友们目瞪口呆，我一定要给你们讲一讲。

你们得知道，在我和罗莫洛相遇后的七百万年里，我意识到地球上的爬行动物数量越来越多了。从外表上看，它们应该是从两栖

动物演化而来的。那些动物一代代繁衍生息，骨骼比之前更结实，体内也出现了呼吸系统，从而能够离开水存活。

一天清晨，我和朋友们停在一株植物叶片上的露珠里，而这株植物的前方恰好是一处空地。你们知道发生什么事了吗？突然传来了巨大的声波，像是一种奇怪动物发出的。声音挤压着空气，震得我们剧烈地颠簸起来。发生了什么事呢？

远处的那个东西像是一大团草，只是它在动，在变宽，在变高，在变得越来越大……我们看到了它那巨大的爪子，然后是长得可怕的尾巴。接着，一颗巨大的头挡住了天空，头下面是一条粗壮的脖子，黑色的舌头在空中颤动。又是一声，听上去有些凄惨，那个巨兽扑到了空地上一个体形较小的同类身上。被咬的那只还在拼命挣扎，那双眼睛大睁着，朝着我们的方向，像是在祈求帮助，然而我们无能为力。

来到一株植物中

我会一直去探索宇宙中的新宇宙。

——皮奥·辛普利乔（氢原子）

像这种惨烈的场面，我并不喜欢看见。当我回想这些时，我想罗莫洛说得对：这个世界是有问题的。是的，所有的一切应该只是一次偶然。不过，有的时候我又不会这么想，也许是因为当时比较开心吧，或者可能是因为有了好的经历。说到这儿，又过去了几百万年，到了变成雨滴回到地球的时候。在下落的过程中，我盼着能够落到陆地上，因为我对陆地上的植物与动物实在是太好奇了。确定了能够落到陆地上，我高兴极了，但同时恐惧感也在增加：等待着我、氢贝贝和古斯塔沃的会是什么呢？

我们所在的那滴雨水在下落的过程中丢掉了许多水分子，最后猛地撞到了一片青草地上。紧接着，一群水分子——我们也在其中——离开了那滴雨水，溅到了更远处一丛灌木旁边的土地上。在那里，我们和其他水分子连接在一起，沿着一条细细的缝流进了土里。里面是一片黑暗。走着走着，我们突然停了下来。我心想，我们可能又要蒸发了。可是，几秒钟之后，一股剧烈的力把我们推入了一株植物根部的气孔里。进到根部以后，向上的推力变得非常明显，我们就像是被抛起来一样，一直上升了好几厘米。之后，速度变得越来越慢，最后的感觉像是前面的水分子在拉着我。我呢，也用同样的方式拉着身后的水分子，这靠的是我的质子对它们的电子的吸引力。

突然，长长的水分子队伍停了下来，我们来到了一片光波中。有的原子之间的化学键断裂了。许多水分子在把根部的水分子拉上来以后就蒸发掉了。我再次觉得我们可能要蒸发了，然而又感到了一股剧烈的挤压，我们穿过了一层膜，像是被挤压进了一颗小球里，那里有各种各样的原子。你们知道这个小球是什么吗？它是一个细胞。后来我才知道，不仅是植物，动物也都是由一个个细胞构成的。不错，我还是第一次进入一个细胞里。我看到了许许多多的碳原子、氢原子、氧原子、磷原子，还有氮原子。这里的环境乱得难以想象：原子和分子们来来往往，一片嘈杂，彼此互换位置，建立一个个新的联系。看到这幅场景，氢贝贝对我说："完了……我们要被分开了。"

然而，并没有，并没有完。

三角龙

幸福可能来自一滴眼泪。

——氢贝贝（氢原子）

我是一个原子，这是事实。所以，我讲述的这些事都是从我的角度出发的，这些事情都发生在事物的内部。因此，如果我来到一株植物里，那么我只能讲讲在它里面发生的事情。而你们的视角则在外部，你们能看见这株植物，但是看不见它里面的原子。所以，你们要花很大力气去看里面，而我则需要花很大的力气去看外面，然后才能给你们讲。

这一次，我来花点力气，从你们的角度讲一讲我和我的两个朋友是如何阻止了一次离别。

如果你们没听明白……好吧，我当时在一株植物的叶子里。植物做什么呢？在太阳光波的帮助下，植物将水分子和二氧化碳分子转化成氧原子和葡萄糖分子——它是由氢原子、碳原子和氧原子构成的。[①] 这么说，我的命运是要和碳原子在一个分子中共处。不过，只差一点，这件事并没有发生。你们知道为什么吗？来了一只恐龙，

---

① 这就是光合作用。植物通过叶绿体吸收太阳光能，在酵素的作用下，把二氧化碳和从植物根部吸收的水合成葡萄糖，并释放出氧气。——编者注

它是一只三角龙。时间已经来到了它们的时代，也就是距今大约两亿五千万年前！我并没有看见它，或者说，我是在之后才看见的，至于是什么时候，你们一会儿就明白了。

三角龙的体积大概是一头大象的1.5倍；头部长约2.5米；头上长了三只角，两只比较长，一只比较短，短的长在鼻子上；身上遍布骨板，尾巴很短。这个大块头在你们的眼里应该就是这个样子。它是食草动物，牙齿能够轻易地切开木头和树叶。它看到了我所在的这株植物，于是伸长了脖子，把嘴靠近枝干，一口就把枝干咬断了，然后它用舌头把枝叶卷进嘴里。剩下的那丛灌木也很快成了小碎片。

所以，你们去想象一下我和氢贝贝、古斯塔沃在这头野兽身体里的故事吧……第二天早晨，这头恐龙从睡梦中醒来，它睁开了一只眼，一小滴眼泪从眼角滴了下来，而我们就在这滴眼泪里。之后，没过多久，我们就蒸发了。就这样，我们仨高兴地离开了这头恐龙，朝着天空飞去。

我们竟然在一个从未见过的动物身体里待了一整天，你们也能想象出我们对此有多惊讶吧。我们渡过了一次难关，重获自由，准备迎接新的挑战！

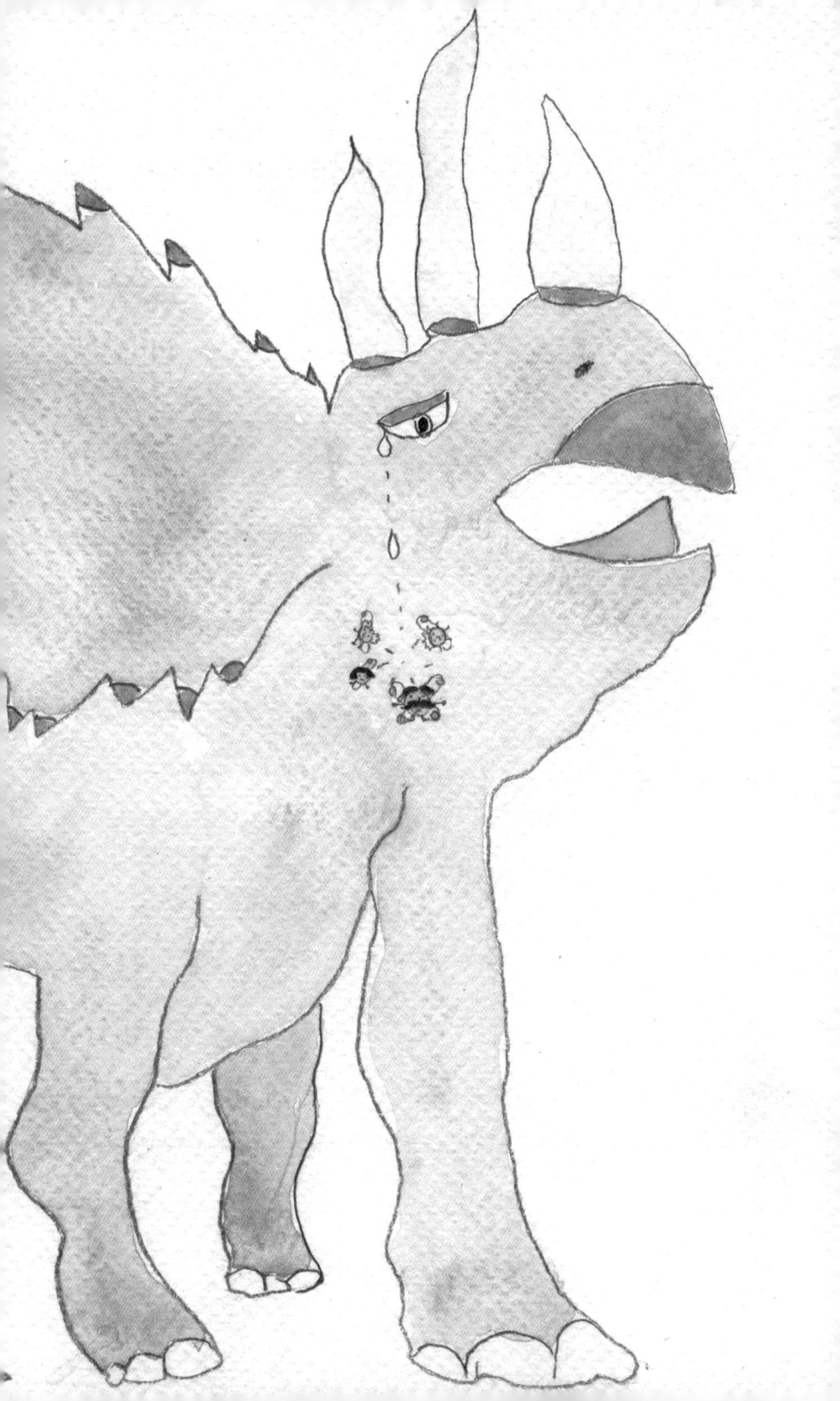

就快变成鸟了

要想看见鸟类，
你们还是七千万年之后再来吧……

——两亿一千万年前的广告牌

在后来的几百万年里，我又好几次变成雨滴落入海里。在这段时间里，海洋也发生了许多精彩的变化：多了许多微小的植物与动物，它们在海里缓慢地动来动去；同时，海底集聚了许多已经矿化了的动物骨架，这些动物如今已经灭绝了。这些骨架是由钙原子和氧原子等组成的，它们总是愿意和我聊聊天。

在命运一次次把我带上陆地的过程中，我注意到，一代代的恐龙也随着时间发生了变化。听其他原子说，恐龙一开始至多只有小狗那么大，而且只有两只爪子。那副样子跑起来得多有意思啊！后来，它们一代代变得越来越大。也许够到更高的树需要更大的身躯和更长的脖子吧。我不知道是不是这个原因，我也没有问过，因为一大群原子居然能在一起组成各种动物，这件事本身就让我非常惊讶了，更不用说那些有翅昆虫了，说到底，它们是一群……会飞的原子。

我最惊讶的一次是看见了一只会飞的蜥蜴。当时，我和我的朋友们刚从一处池塘蒸发，在空中盘旋。我看到了一只会飞的爬行动

物：它长着典型的爬行动物的头骨和牙齿，一条长长的尾骨、翅膀、羽毛和一个像鸟嘴一样的喙。我不知道它到底是什么动物，但是现在过去了这么多年，想想自己经历的各种事情，我倾向于认为那只动物应该不是爬行动物，但也不能算是鸟。总之，要看到一只真正的鸟，还要等上好久好久。

雪

一亿年之后，
我见到了从未见过的动物与植物。

——皮奥·辛普利乔（氢原子）

许多许多年以后，我又见到了一只那种会飞的蜥蜴，不过它的样子和上一只的稍微有点不同。那是精彩的一天，一阵温暖的气流带着我们向东走了几千千米。那只飞蜥就在我旁边，它的一双翅膀有十来米长，目光锐利，正盯着草丛，猎物的任何一点小动作都逃不过它的眼睛。

那天白天我们一直在向北飞行。到了晚上，一些氧分子、氮分子和二氧化碳分子迎着我们飞了过来，这是天气变化的信号。没过多久，我们就遇上了一股冷空气，然后向上飞去。第二天早晨，我们形成了雪花，破晓时分开始下落。

我们试着想要摆脱身边其他的分子，却只是徒劳，当时实在是太冷了。于是，我们随着一朵雪花落到了一座山的冻土上。雪花里的原子们一片沉默，谁都没法发出电磁波。我们就这样一直挨到了春天，可当春天到来后，雪却没有融化。之后的四十七个春天也是如此。到了第四十九个春天时，我们终于能动了，可是一条小溪却把我们带进了山下的一个湖中，我们又在那个湖里待了好几百万年。

到了冬天，因为寒冷，我们都冻僵了，只有春天时才有机会移动。在那段漫长的岁月里，我一直盼着能够再次蒸发，能够再次恢复自由，从而去欣赏地球和它上面所有的美妙变化……

五千五百万年前，地球上的气候发生了变化。我们获得了很大的能量，能够动起来了，于是我们觉得是时候离开了。我不记得具体是哪一年了，但至少是五千四百万年前的一个秋天，当时连着下了十天的雨。湖水溢了出来，所有的分子都朝着山谷跌落了下去。我们来到了一条河流中。

在从高处跌落的过程中，我在石头之间跳跃着、旋转着……当我第一次露出水面时，我看见了此生中的第一朵花，它就像是植物的一个馈赠。我们又重新获得了自由。地球上的第一朵花出现在距今大约一亿年前。我还看到了许多之前从未见过的动物：鸟啊，熊啊，狗啊，鹿啊，还有鼩鼱。我上次俯瞰地球时，还没有这些动物。

动物世界的变化令我感到惊讶。它们的种种特征，使得它们能够很好地生活在这颗在我看来发生了巨大变化的星球上。

一条小溪却把我们带进了山下的一个湖中，
我们又在那个湖里待了好几百万年

还不是现在的马

五千多万年前的马
和现在不一样。

——皮奥·辛普利乔（氢原子）

一点小事就能改变一个原子的生活。落入河里的我，本来也许会再一次回到海里。然而，一只动物来河边喝水了，你们猜猜是什么动物？是一匹马。等等，拜托，你们不要以为五千四百万年前的马和现在的一样！也许你们现在应该已经明白了，虽然你们人类意识不到，但是地球上的一切都是在变化的！那匹马不管是体形还是模样，都更像是一只小狗！至于马蹄，那些还不是真正的马蹄，而是爪子。它的两条前腿上各长着四个脚趾，后腿上各长着三个……这匹马为了喝水方便，走进了河里，所以我看得很清楚。

“不要，不要，不要！我才不要到这只野兽身体里去！”氢贝贝喊道。

可我们还是进去了。我先是看见了它的嘴唇和牙齿（它的牙是尖的，和现在的马的不一样！），接着，“噗”，我们就被吸进去了。先是经过它体内的腔道，然后进入血管，最后和在植物里时一样，我们被集合到了一个小球里，在那里——我有点激动——它们把我和伙伴们分开了。它们是谁？是一些我几乎从未见过的分子。哎，这就是命，原子间的联系不是永恒的。我这么说，你们也就不会觉得太难过了……

从那一刻开始，我先后参与构成了无数个分子，每次我都是不情愿的，都是被迫的。不过，如果说有什么事值得欣慰的话，那就是在我们力所能及的范围里，那匹可怜的马至少不渴了。

又过了几个小时吧，先是出现了一阵骚动，然后突然间一切仿佛都静止了。

到底出什么事了？我觉得我可能永远都不会知道。但可以肯定的是，那匹马死了，也许是被一只凶残的动物咬死的。我只知道我在尸骸里待了几天，然后到了土里，在那里又待了好几千年。对一个原子来说，这点时间不算长。在那期间，我和许许多多的原子构成过各种结构，可没有一个是我喜欢的，你们对此也不必太过惊讶。

一天，我又被吸进了一个东西里，凭我的过往经历推断，那应该又是一个细胞。我从土里穿过一层膜，这是在哪里呢？一个个细胞彼此独立，这种情形我只在海里见过……突然——你们永远猜不到发生了什么——一件我想都想不到的事发生了。

你们知道我在那里碰见谁了吗？原子们分分合合，一片嘈杂，迪诺·莫莱克勒突然出现在了我的面前！

“迪诺？！”我接着说道，“不，不可能，你是迪诺·莫莱克勒？”

“皮奥·辛普利乔与迪诺·莫莱克勒相遇的可能性为0.0000000000000000000000000000000000000000000000000000000000000000000000000000000000000000000000000000000000000000000000000000000

00000000000000000000000000000000000000000000000000
00000000000000000000000000000000001，但是亲爱的，我来了！！！就是我，迪诺·莫莱克勒，夸克和电子们也都在。”

我还是没法相信，仔细地上下打量了它一番，然后才喜出望外地说道：“我亲爱的，真的是你！你什么时候来的？”

“才来了一天，可是我有好多好多事要讲给你听啊！”

“希望有时间……快告诉我，我们现在在哪儿？”

“我们在一个细菌里——它能释放出甲烷。总之，这里会生成一个个甲烷分子，然后它们会被排出去。”

“太棒了！我们没准能再找两个氢原子和一个碳原子，然后我们在一起组成甲烷，高高兴兴地回到大气中去！”

“走哇！”

“贾尼！”

“贾尼是谁？”

“碳酸贾尼，我一个要好的朋友。”

说着，它向我介绍了碳酸先生和另外两个友好的氢原子。我们一起构成了甲烷分子，释放出幸福的电磁波，离开了细菌，来到了大气中其他的分子中间。这就是我生命中的又一个幸福时刻。

灾难

之后，一道耀眼的阳光
穿透了乌云，
照亮了这次劫后余生的地球……

——迪诺·莫莱克勒（氢原子）

我非常渴望听迪诺·莫莱克勒讲一讲我在冻土中的那些年里外面发生的事情。它告诉我，它在那些年里最美妙的经历就是参与了花朵的形成。据它的讲述，在很短的时间里，地球上就开满了各种各样的花，陆地上到处都是香气与果实。

现在的我对这一切都已经习惯了，我无法想象地球上没了花会是什么样子，或者应该说，迪诺说得对，正是因为有了花，地球才是太阳系中最漂亮的星球。

它还告诉我，命运还帮我逃过了地球上的一次大劫难。

"你没发现地球上没有恐龙了吗?"它问我。

"真的哎，我确实没再看见了……它们去哪儿了?"

"灭绝了。"

"什么意思?"

"意思就是死光了。"

"怎么会?"

“就是这样。”

“怎么死的?”

“在一次大撞击之后，都死了……”

“什么撞击?”

“一千两百万年前，太空中一颗巨大的小行星撞上了地球……”

“那只是个传说！我总听它们这么说……”

“你觉得是个传说？我可以向你保证，当时……”

“你……你……你当时……在场啊?”

“我当时就在离地球大约四千米的高空上……”

“你可不要告诉我，所有的恐龙都被撞死了！”

“一团巨大的烟尘腾起，把整个地球都笼罩了起来……”

“哦……”

“烟尘遮住了太阳，气温降得很低很低，低到我们这些原子不愿动弹……没有了阳光，植物大片大片地死去，那些食草动物和它们的捕食者也随之死去了……大气层中出现了剧烈的乱流……”

“哦……”

“大气中许许多多的氮原子和氧原子等原子结合在了一起，带有腐蚀性的酸雨从天而降……”

“太可怕了……”

“大气又突然升温，晒干了许多植物，引发了火灾……”

我已经呆住了，一句话也说不出来。听它讲完之后，我又问它后来发生的事情。

“有动物活下来了吗?”

“啊，当然，还是有很多动物和植物活了下来……但是从那时起，一切都变得和之前不同了。”

“怎么不同?”

“比如说，活下来的哺乳动物们具备了明显的优势——那些捕食它们的肉食恐龙已经不复存在了……”

“这下它们就安生了……”

“不只是这样。你也知道，在几亿年前到恐龙灭绝的这段时间里，哺乳动物的体形一直都很小，不怎么显眼……”

“哎，现在我看它们可都大了不少啊!”

“没错，自打捕食者恐龙灭绝之后，地球上又新出现了一百三十种哺乳动物……仅仅过了一千万年……”

“它们当中许多都变得很大了……”

说完，我沉默了，努力去想象那次剧烈撞击之后的种种情形。我还想象了那一天：一切都过去了，一道耀眼的阳光穿透了乌云，照亮了劫后余生的地球。

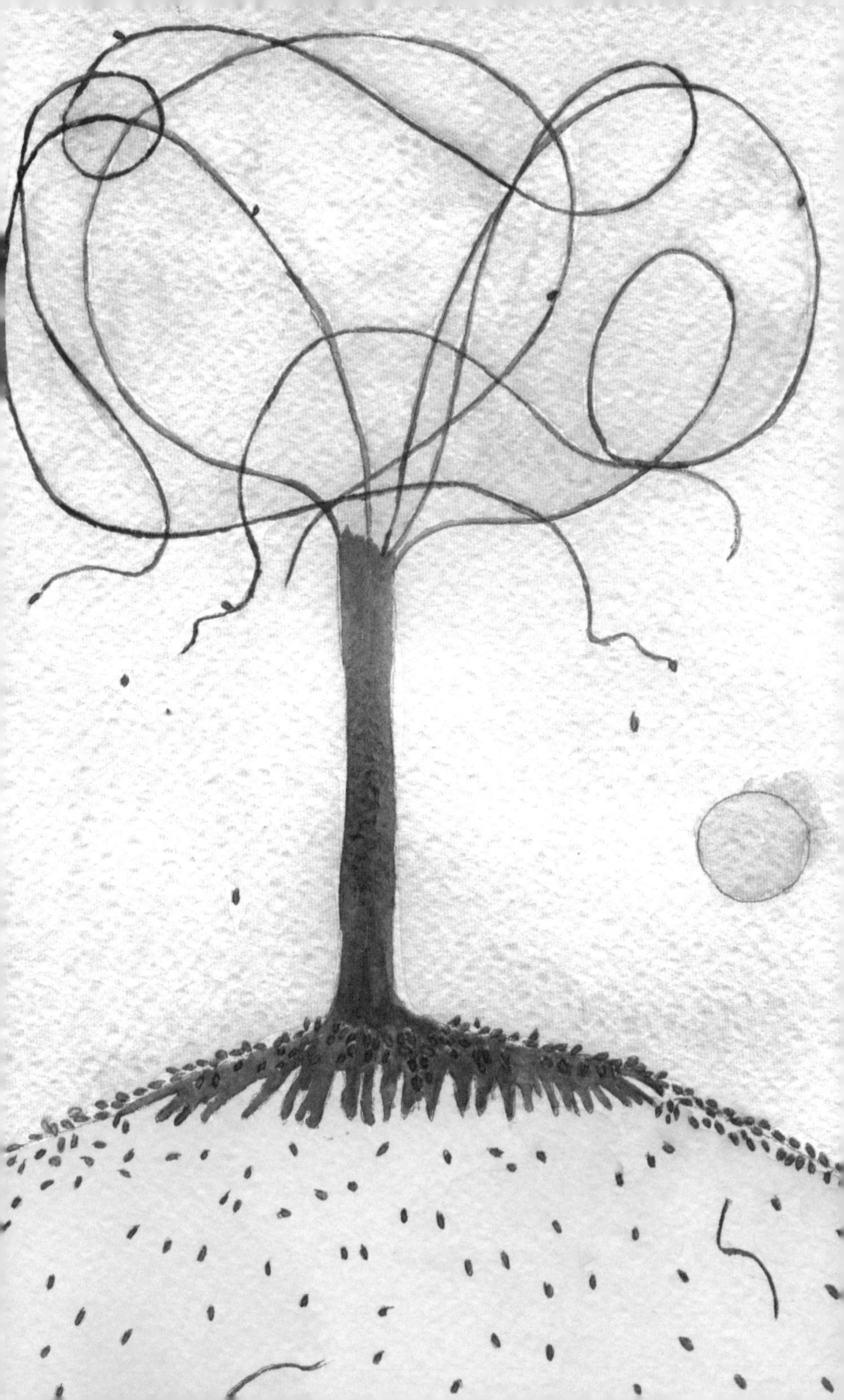

种种回忆

我记得的事太少了。

——皮奥·辛普利乔（氢原子）

我们在大气中游走时，也发生了许许多多的事情。我记得的并不多：我们曾被一只蝙蝠吸进了体内，但很快又被排了出来；被一滴雨带到地面上；被困在一棵树的树皮里；被雪盖住；在一块石头下面被压了七十七天；掉入一道瀑布中；在一只鼩鼱的胡须中待过；沿着一只猛禽的羽毛飞过；从岩石缝中蒸发了五十一次；被各个方向的风吹来吹去；落到一粒被风吹起的花粉上；和海洋里上百万个二氧化碳分子相撞；我们去过数千种动物的体内，包括十四只老虎的肺部；经过一片又一片森林；从一百零一朵花的花瓣上滑过；到过八百四十座山的山顶；混进一颗水果的果肉里；被困在一只长相怪异的猴子的毛发中……我见过陆地移动；火山喷发；陆地上的水结成冰、冰化成水；大陆板块碰撞导致地震，形成一道道山脉；气候变化；海平面上升与下降；成片成片的森林起火燃成灰烬，而后复苏；草原扩张；成群的动物迁徙到新的土地上；不计其数的物种兴衰更替……要是我能把所有经历过的事都记住，我可以写上几百万页。

直到大约一百七十万年前，也就是又过了至少五千三百三十万年，地球上的温度开始维持在一个令人舒适的水平了。当然，有过两段非常糟糕的低温时期，但是对我来说还不错。这种舒适的温度是洋流循环的作用：寒流到达印度洋、太平洋和大西洋，之后与暖流汇合到一起，朝南流去。就这样，地球两极一直处于相对温暖的状态，也没有冰。然而，一段时间之后，南美洲、澳洲与南极洲分开了……这下可糟了！极地的寒流开始围着南极大陆流动，暖流被隔在了外面，于是，极地就结冰了。

这一变化我并没有亲身经历。在那段时间里，令我感到难以置信的是另一件事。你们不介意的话，我先打理一下质子和电子，然后在下一章给你们讲讲那件事。

奇怪的家伙们

从未见过抬头望天的动物。

——皮奥·辛普利乔（氢原子）

我承认，我没有提到过关于你们的事。可是情况就是如此，我又能怎么办呢？我想说的是，接下来，就在距今约两万年的时候，你们人类出现了。拜托，你们不要总是一副洋洋自得的样子，不要说什么“最重要的人物总是最后登场”。一亿年后，这个宇宙会是什么样子，你们说得上来吗？到那时你们可能都不存在了……总之，你们的出现，我迷迷糊糊之中是有感觉的。好吧，这件事是这样的……当时我正在海里，海底有一块美丽的珊瑚礁，其中的一个钙原子告诉我，它有一次在陆地上停留时看见了一些两足生物，它的描述与你们的外观是相符的。一只海星身上的碳原子也给我讲过同样的事。听完它们讲的，我一遍一遍地想着：这会是真的吗？在那之后，我也赶上了同样的事，那应该是一百多万年前，我生平第一次看见了像猴子一样的生物。随着时间的推移，我见到了许多——从某种程度上说——样子和你们越来越像的生物。

那天，先是来了一阵暴风雨，大风把我吹到了高空，我绕着一座岛屿转了三天。接着，一切都平静了下来。我正在担心会不会被带到更高的地方，突然，一颗庞大的尘埃从下面拽住了我。接着，一阵微风吹来，我被带到了林中一处空地的上方，在半空中盘旋了几个小时。之后，我又向上飞了一点，被一棵树的树叶拦了下来。夜幕降临，突然，我看见了几个最初的智人，他们就在我的面前，围在几处篝火旁。是的，我看见他们了，他们就是你们的祖先。

好了，现在我在你们的头脑中应当回到原来的形象了：一个可怜的、总是能遇上同类的小原子。仅此而已。我从你们的角度出发，已经讲了不少啦，什么看见动物啊，看见植物啊，还有各种稀奇古怪的事。那个，实话告诉你们吧，你们可不要生气啊，这些智人对我来说不过是一群群原子：碳、氢、氧、钠、钙、磷、镁、钾、铁、碘……嗯，他们的脸上有凸出的鼻子，长着胡子，肤色很深……哎呀，好烦……你们要是一定让我把他们和其他动物做比较的话……嗯，那我就给你们讲讲他们的种种行为。

他们当中，有一个抬头望着星空，看了至少有二十分钟。

另一个开始不停地抱怨，好像是想吸引其他人的注意。可是，只要有人靠近，他就会用脚踢开那人。

他们当中，最坏的那个人是首领，大家伙对他毕恭毕敬。可是在篝火熄灭前，又来了一个更坏的人，取代了他的位置。于是，大家伙开始殴打之前的那个首领。

他们用奇特的声音交谈，一聊就是几个小时。我看见他们当中有一个人一边说一边抬头望着星空。

他们使用各种工具，那些工具看上去是刻意制作的。

我还从未见哪个动物这样做过。

其他的事我之前就已经见过了，比如他们当中有的人有时很开心，有时又很难过；再比如，他们为彼此捉虱子，相互抚摸。

当时，我并不知道，这一新物种——如今已经不能再称他们为动物了——总而言之，我并不知道他们将会给这颗星球带来巨大的变化。

先是一次回忆，之后是天空

一颗颗原子的生活，
合在一起就是这个宇宙的秘密。

——“哲学家”柯西莫·亚里斯多德（氩原子）

两千四百九十七年前的一个下午，命运把我和迪诺带到了雅典。一位留着长白胡子的老者正独自在一座花园里散步。命运让我们围着他转起了圈。还不错，我至少有时间仔细地看了看他的面容、他的表情……他看上去若有所思，气色很好。我们先是进入了他的一只鼻孔，之后被吸进了鼻腔。鼻黏膜似乎想要把我们推出去，但我们还是通过一个小孔和其他分子进入了咽喉。一阵轻微的咳嗽过后，我们来到了嘴里。在那里，我们被一群氮原子、碳原子、氧原子和氢原子包围了，它们想方设法地要分开我们。我就不全讲了，一场漫长的历险就这样开始了……历尽千辛万苦之后，我们来到了一个脑细胞里，又过了大概两年，我们和其他许多原子一起来到了这个细胞的一根分支上。我们的任务就是一直待在那里，或者应该说是“一直待到这位老者去世”。经过之后几年的学习，我意识到，我们是在以这种方式帮助这位老者记住事情。还有无数和我们一样的原子也在做着同样的工作。有几次，我们的位置发生了变化，也形成过新的分支。之后，一切又都恢复如初。我不知道那是不是一次美

好的回忆，不过我希望是。某种程度上说，我觉得自己还挺有用的，因为，虽然我只是待在那里一动不动，但是却帮助一个人储存了一个故事、一段经历，否则它们就一去不复返了。

这位老者去世后，一场新的历时两千四百九十七年的历险把我和迪诺变成了一个氢分子。就这样，我们俩现在在大气中自由地游走着。

这就是我的故事。嗯，是的，每个原子都有自己的故事，合在一起，就是这个宇宙的故事。

结语

好啦，终于来到这本自传的尾声了……尾声？什么尾声？出于天性，我并没有思考事物结尾的习惯，尤其是我自己的生活。我知道，在未来的三百年、三十万年、三千万年里……宇宙都会一直存在，我也将会一直是它的一部分。未来，我还可以把这本书再拿出来，继续加上新的故事，只要我能记得住。也许我太狂妄了，谁知道呢，没准我们原子的生命也有结束的那一天。我们也许会组成一份“羹汤”，“羹汤”会变得越来越稠，然后再次爆炸……就像我们诞生前发生的那次爆炸一样。这样，也许将会出现一个新的宇宙、一个个新的原子、一个个新的故事。

再见吧！也许有一天我们会再见呢！

你们的皮奥·辛普利乔

附言

抱歉，我看到皮奥怎么写我的了。下次我一个字都不跟它说了——我根本没有它说得那么讨厌！

最最最诚挚的问候，来自“抑郁者”埃利奥·布贝罗。

致谢

普里莫·莱维[①]提到了一件我之前从未留心过的事："原子的数量是如此之多，总有一个原子的经历会与某个'瞎编乱造'的故事吻合。"没有他这句话，我也写不出"某个故事"，并且也想不到这个故事会是真实的。

宇宙学家约翰·巴罗[②]曾告诉过我："对一名科普作者来说，人文素养与科学素养同样重要。"他的话，更加坚定了我以故事的形式讲述原子知识的信心。

米开朗琪罗·科卡审校了故事内容，我们仿佛回到了大学时代，在一起讨论了许多问题。在他的帮助下，这个故事也变得愈发真实。

我的母亲使我坚信情感的力量：没有她的支持，皮奥·辛普利乔的宇宙恐怕会一片冰冷与凄凉。

---

① 普里莫·莱维（1919—1987），犹太裔意大利化学家、作家。——译者注

② 约翰·巴罗（1952—2020），英国宇宙学家、理论物理学家、数学家、科普作家。——译者注

故事完成后，我联系了埃里克森出版社。主编里卡多·马兹奥很快回复：“给我发过来吧。”在他的安排下，编辑朱塞佩·德加拉、插画师诺埃米·里什－瓦尼耶和出版社的其他同事为这个故事提供了支持与帮助。

瓦尼·费罗总是让我找些时间写小说或故事。我之所以能够努力去写，也有他的功劳。

我问玛格丽塔·哈克可否为我的这本书作序，她一口答应下来。我们俩的名字能够一起出现，对此我感到万分荣幸。

我的父亲教导我，天下的文化说到底都是一回事。受到他的启发，书里的一个个问题可以用许多方式去回答。

最后，我的老师们都出现在了这个故事里，尽管我之前没有意识到这一点。

衷心感谢大家，谢谢。